EUL VERLAG

Reihe: Kleine und mittlere Unternehmen · Band 14

Herausgegeben von Prof. Dr. Jörn-Axel Meyer, Berlin

Prof. Dr. Jörn-Axel Meyer
Alexander Tirpitz M.A.

Betriebliches Gesundheitsmanagement in KMU

Widerstände und deren Überwindung

EUL VERLAG

Bibliographische Information der Deutschen Bibliothek

Die Deutsche Bibliothek verzeichnet diese Publikation in der Deutschen Nationalbibliothek; detaillierte bibliographische Daten sind im Internet über <http://dnb.ddb.de> abrufbar.

ISBN 978-3-89936-737-9
1. Auflage Dezember 2008

JOSEF EUL VERLAG GmbH
Brandsberg 6
53797 Lohmar
Tel.: 0 22 05 / 90 10 6-6
Fax: 0 22 05 / 90 10 6-88
E-Mail: info@eul-verlag.de
http://www.eul-verlag.de

Bei der Herstellung unserer Bücher möchten wir die Umwelt schonen. Dieses Buch ist daher auf säurefreiem, 100% chlorfrei gebleichtem, alterungsbeständigem Papier nach DIN 6738 gedruckt.

Vorwort

Wenn wir in den letzten Jahren ein Sinken des Krankheitsstandes in deutschen Unternehmen erfreut beobachten können, so ist dies nur zum Teil darauf zurück zu führen, dass die Mitarbeiter gesünder sind und leben, vielmehr sind es auch Not und Angst aus den Beschäftigungsbedingungen heraus, die hier ein Zerrbild entstehen lassen und damit über die Notwendigkeit eines Gesundheitsmanagements – auch in kleinen und mittleren Unternehmen – hinweg täuschen. Die Investition in Gesundheitsmanagement zahlt sich aus, nicht nur für die Mitarbeiter sondern auch für das Unternehmen: Dies liegt nicht nur in einem dauerhaft geringeren Krankenstand begründet, sondern auch in stärker motivierten, leistungsfähigeren Mitarbeitern, besserem Betriebsklima, weniger Mobbing und einer geringeren Zahl von Frühverrentungen, Arbeitsunfällen und Kuren. Doch das Interesse bei kleinen und mittleren Unternehmen (KMU) am Betrieblichen Gesundheitsmanagement (BGM) war und ist gering.

Denn Betriebe gerade dieser Größe besitzen nur sehr selten einen Betriebsarzt oder gar eine eigene Abteilung für diese Fragen. Gesundheitsmanagement wird damit zur Chefsache, die der Unternehmer neben dem Tagesgeschäft betreiben muss... ...und nur zu oft ist er damit überfordert.

Zudem wird BGM in der Wirtschaftsöffentlichkeit viel zu abstrakt vermittelt, während dem BGM ein erheblicher Kostendruck, die Angst des Unternehmers, mit dem Thema schlafende Hunde zu wecken und der landläufige Fehlglaube, mit einem selbstlosen Verhalten Professionalität und Einsatz für das Unternehmen zu zeigen, gegenüber stehen. Aber nicht nur im Unternehmen, sondern auch im betrieblichen Umfeld findet der Unternehmer genügend Gründe, nichts zu tun: Neuregelungen im Gesundheitswesen lassen den Mitarbeiter den Besuch beim Arzt vermeiden, Medikamente besser nicht kaufen und stattdessen lieber im Betrieb Präsenz zeigen. Zudem kann die aktuelle Diskussion der Kassen über die Ausklammerung des Versicherungsschutzes für Sportverletzungen dazu führen, dass die Mitarbeiter Sport meiden.

In der Konsequenz bleibt es daher bei Lippenbekenntnissen und der seltenen Eigeninitiative des einzelnen Mitarbeiters (Aufhören zu Rauchen, Sport....).

Was ist zu tun? Zunächst setzt ein erfolgreiches Gesundheitsmanagement auch in KMU die Bereitschaft des Unternehmers zu Veränderungen voraus. Doch diesem werden vielfältige Widerstände entgegen gebracht.

In der vorliegenden Schrift wird ein Projekt des Deutschen Instituts für kleine und mittlere Unternehmen dargelegt, in dem die Widerstände gegen BGM in Unternehmen, aber auch Wege der Überwindung dieser Widerstände analysiert werden.

Besonderer Dank geht an das Haus, ohne dessen Unterstützung das Projekt und die darin enthaltenen empirischen Studien nicht möglich gewesen wären, die Techniker Krankenkasse in Hamburg. Ihr – namentlich besonders Herrn Gerhard Mahltig – sei herzlich für die Unterstützung sowie die jederzeit neutrale informationelle und fachliche Hilfe sehr gedankt.

Den weiteren Mitarbeitern, insbesondere Herrn René Schleus und Herrn Keywan Ghane im Deutschen Institut für kleine und mittlere Unternehmen sei für ihre Zuarbeiten und die unterstützenden Ausführungen zum Betrieblichen Gesundheitsmanagement und den vorhandenen Studien ebenso gedankt. Dem Josef Eul Verlag ist für die (wieder einmal) kompetente und kooperative Betreuung herzlich zu danken.

Berlin, im Oktober 2008

Univ.-Prof. Dr. Jörn-Axel Meyer
Alexander Tirpitz M.A.

Inhaltsverzeichnis

Abbildungsverzeichnis

Tabellenverzeichnis

Abkürzungsverzeichnis

Abb.	Abbildung
abs.	absolut(e)
BG	Berufsgenossenschaft
BGF	„Betriebliche Gesundheitsförderung“
BGM	„Betriebliches Gesundheitsmanagement“
bzw.	beziehungsweise
bspw.	beispielsweise
ca.	zirka, ungefähr
d. h.	das heißt
DIKMU	Deutsches Institut für kleine und mittlere Unternehmen
DNBGF	Deutsches Netzwerk Betriebliche Gesundheitsförderung
Dr.	Doktor
ENBGF	Europäisches Netzwerk für Betriebliche Gesundheitsförderung
ESF	Europäischer Sozialfonds
etc.	et cetera
EU	Europäische Union
e. V.	eingetragener Verein
ggf.	gegebenenfalls
ggü.	gegenüber
GmbH	Gesellschaft mit beschränkter Haftung
i. d. R.	in der Regel
i. S. v.	im Sinne von
Kap.	Kapitel
Kl.	Klassen
KMU	kleine und mittlere Unternehmen
lt.	Laut
M.A.	Magister Artium

max.	maximal
n	Stichprobengröße
o. ä.	oder ähnliche(s)
PC	Personalcomputer
Prof.	Professor
rel.	relativ(e)
S.	Seite
Tab.	Tabelle
u. a.	unter anderem
u. ä.	und ähnliche(s)
u.	und
Univ.	Universität
u. s. w.	und so weiter
vgl.	vergleiche
vs.	versus
VW	Volkswagen AG
$\overline{x}$	arithmetisches Mittel (Mittelwert)
z. B.	zum Beispiel

1 Betriebliches Gesundheitsmanagement – Begriff und bisherige Studien

1.1 Betriebliches Gesundheitsmanagement als Konzept

Das Management und die Förderung der Gesundheit im Betrieb sind schon aus ökonomischen Überlegungen heraus nützlich und sinnvoll für Unternehmen, gleichwohl besteht hierzu auch ein Zwang für die Arbeitgeber aus gesetzlichen Verpflichtungen heraus.

Die Grundsteine für diese Pflichten wurden zum einen 1986 durch die sog. Ottawa-Charta der Weltgesundheitsorganisation (WHO) sowie durch eine 1997 verabschiedete Deklaration der Europäischen Union (EU) zur Betrieblichen Gesundheitsförderung (BGF) gelegt (dazu auch Kapitel2 sowie Meifert / Kesting 2003; Badura et al. 1999). In Deutschland bilden überdies z. B. der Arbeitsschutz und das Eingliederungsmanagement die gesetzliche Grundlage zur unternehmerischen Pflicht zur Betrieblichen Gesundheitsförderung (BGF) (u. a. §84 Abs. 2 Sozialgesetzbuch IX).

Betriebliches Gesundheitsmanagement (BGM) ist darauf aufbauend die systematische und planmäßige Fortführung der Betrieblichen Gesundheitsförderung. Als ganzheitliches Konzept geht es jedoch weit über die BGF hinaus und „steuert das System Individuum – Betrieb – Arbeit". Ziel ist es, in institutionalisierter Form Gesundheitsrisiken und –belastungen für den Einzelnen zu minimieren bzw. zu eliminieren, ein „gesundes" Betriebsklima zu gewährleisten und dadurch die höchstmögliche Motivation und Effizienz der Mitarbeiter bei der Arbeit zu erreichen sowie Gesundheitsbelastungen im Betrieb zu erkennen (u. a. Giese et al. 2007, S. 6).

Badura et al. (1999, S. 17) verstehen darüber hinaus unter BGM „[...] die Entwicklung integrierter betrieblicher Strukturen und Prozesse, die die gesundheitsförderliche Gestaltung von Arbeit, Organisation und dem Verhalten am Arbeitsplatz zum Ziel haben und den Beschäftigten wie dem Unternehmen gleichermaßen zugute kommen."

Dazu werden die vier zentralen Ziele des BGM formuliert (Badura et al. 1999, S. 34):

- Senkung der Kosten durch Reduzierung der Fehlzeiten
- Erhöhung der Motivation der Mitarbeiter

- Förderung der Flexibilität und Kreativität der Belegschaft
- Bekämpfung der Ursachen chronischer Krankheiten und Erleichterung der Wiedereingliederung nach Krankheit und Rehabilitation

Im Gegensatz dazu setzt die traditionelle – und weniger integrative – betriebliche Gesundheitsförderung auf singuläre Einzelmaßnahmen, die in Abhängigkeit vom unternehmensindividuellen Kontext geplant und umgesetzt werden:

- Verhaltensprävention: Maßnahmen zur positiven Beeinflussung des individuellen Gesundheitsverhaltens der Mitarbeiter (z. B. Rückenschule, Betriebssport).
- Verhältnisprävention: Maßnahmen, die eine gesundheitsfördernde Verbesserung der Arbeitsbedingungen zum Ziel haben (z. B. Ergonomie, Arbeitsprozesse).
- System- bzw. Organisationsprävention: Maßnahmen, die auf ein „gesundes" Betriebsklima abzielen (z. B. teambildende Workshops, Mobbingprävention).

In der Praxis werden die Begriffe BGM und BGF vielfach nicht klar gegen einander abgegrenzt und synonym verwandt. Gerade in Abhandlungen und Berichten zu kleinen und mittleren Unternehmen finden sich diese Vermischungen, was auch darin begründet sein mag, dass diese i. d. R. nur einzelne Maßnahmen zur BGF verfolgen.

Planung und Implementierung eines BGM erfolgen analog zum klassischen Management nach dem Plan-Do-Check-Act-Prinzip (PDCA) (vgl. Deming 1982). Exemplarisch ergibt sich folgender Prozess:

- „Plan": In dieser Phase werden Verbesserungspotenziale identifiziert, der Status quo analysiert und Maßnahmen zum BGM geplant. Zum Einsatz kommen dabei standardisierte Checklisten. Im Unternehmen werden dazu die bisherige betriebliche Gesundheitspolitik und Maßnahmen zur Gesundheitsförderung, die bisherige Verankerung und Organisation des BGM im Unternehmen, die unternehmensspezifischen Gesundheitsvergleichsdaten (z. B. Mitarbeiterfehlzeiten), die Erfüllung gesetzlicher Anforderungen, die bisher erfolgte Mitarbeiterschulung (z. B. Arbeitsplatzergonomie, Ernährung etc.) und die bis dato erfolgte interne Kommunikation im Unternehmen überprüft.

- „Do": In dieser Phase werden auf Grundlage der vorangegangenen Selbstanalyse und Planung die ersten Maßnahmen ergriffen und ihre Umsetzbarkeit in einzelnen Teilen des Unternehmens getestet. Derartige Maßnahmen sind z. B. ausschließlich vollwertiges Kantinenessen oder Rückenschul-Workshops für die Belegschaft.
- „Check": Die einzelnen Maßnahmen werden als Test verstanden und nach kurzer Zeit in ihrer Akzeptanz im Unternehmen, ihrer Wirkung und den Kosten / Nachteilen bewertet. Danach erfolgt eine Go-No-Entscheidung, also ggf. die Weiterführung der Maßnahme und...
- „Act": ... ggf. die weitere Verbreitung auf das gesamte Unternehmen, im Sinne eines Unternehmensstandards. Diese letzte Phase bedeutet also die unternehmensweite Einführung des BGM und die Umsetzung der gewählten und bewährten Gesundheitsmaßnahmen. Damit werden vielfach auch begleitende Anpassungen in der Organisation im Untenehmen und z. T. auch Investitionen (z. B. in ergonomische Arbeitsplätze etc.) einhergehen.

Anknüpfend an die europäische Deklaration zur betrieblichen Gesundheitsförderung aus dem Jahre 1999 und die vom Europäischen Netzwerk für betriebliche Gesundheitsförderung (ENBGF) veröffentlichten „Qualitätskriterien für die betriebliche Gesundheitsförderung" (ENBGF 1999) hat das ENBGF die „Kriterien und Beispiele guter Praxis der betrieblichen Gesundheitsförderung in kleinen und mittleren Unternehmen" (ENBGF o.J.) erarbeitet. Damit wollte man den spezifischen Rahmenbedingungen bei der Umsetzung von BGF/BGM-Maßnahmen in KMU Rechnung tragen. Die Kriterien sind differenziert nach einzel- und überbetrieblicher Ebene:

- Einzelbetriebliche Ebene
  - Führung und Beteiligung: Beteiligung der Mitarbeiter an betrieblichen Planungen und Entscheidungen, vorbildliches Führungsverhalten und Schaffung eines guten Betriebsklimas, Umsetzung von Maßmaßnahmen zur Verbesserung der Arbeitsorganisation.
  - Geschäftsprozesse: Einhaltung der gesetzlichen Vorgaben zum Umwelt-, Arbeits- und Gesundheitsschutz, Durchführung zusätzlicher Maßnahmen bei Bedarf, sozialverantwortliche Unternehmensführung.
  - Ergebnisse: Zufriedenheit von Mitarbeitern und Kunden, positive Entwicklung der Mitarbeitergesundheit und des betriebswirtschaftlichen Ergebnisses.

- Überbetriebliche Ebene
  - Integration der BGF in Politik und Handeln der Trägerorganisationen von Unterstützungsstrukturen: Förderung von BGF in KMU durch die Trägerorganisationen, Entwicklung einer dauerhaften Infrastruktur zu Unterstützung bei BGF-Maßnahmen.
  - Strategie und Planung: Sorgfältige Bedarfsanalyse, Aufbau geeigneter Kooperations- und Kommunikationsstrukturen, konkrete und kontrollierbare Ziele.
  - Umsetzung: Maßnahmen zur ganzheitlichen Unterstützung der betrieblichen Gesundheit und deren kontinuierliche Bewertung und Verbesserung.
  - Ergebnisse: Positive Entwicklung der betrieblichen Gesundheit, die sich an gesundheitlichen Indikatoren nachweisen lässt und sich auch positiv auf die wirtschaftliche Situation auswirkt.

Die Kriterien können als Handlungsempfehlung zur praxisorientierten Umsetzung von BGF - Maßnahmen bzw. eines ganzheitlichen betrieblichen Gesundheitsmanagements verstanden werden.

1.2 Gesetzlicher Rahmen des BGM

Dem betrieblichen Gesundheitsmanagement liegen zahlreiche rechtliche Regelungen zu Grunde. Hierbei ist zwischen Rechtsgrundlagen und Leitlinien zu unterscheiden. Während die Rechtsgrundlagen als „Rechtsnorm" ein Verhalten legitimieren, ein Verfahren regeln oder einen Anspruch gewähren, stellen Leitlinien lediglich systematisch entwickelte Hilfen zur Entscheidungsfindung dar. Sie können ergänzend zur Umsetzung der durch die Rechtsgrundlage vorgegebenen Voraussetzungen und Ziele herangezogen werden.

Nachfolgend werden dementsprechend alle relevanten gesetzlichen Regelungen und Leitlinien aufgeführt und in Funktion und Inhalt kurz erläutert.

Rechtsgrundlagen

Rechtsgrundlage	Funktion	Inhalt
EG - Rahmenrichtlinie Arbeitsschutz (Richtlinie des Rates 89/391/ EWG)	Grundlage für die aktuellen europaweiten Aktivitäten zur betrieblichen Gesundheitsförderung; Neuorientierung des traditionellen Arbeitsschutzes in Gesetzgebung und Praxis eingeleitet.	Mindestvorschriften festgelegt, die die Verbesserung insbesondere der Arbeitsumwelt fördern, um die Sicherheit und die Gesundheit der Arbeitnehmer verstärkt zu schützen.
Sozialgesetzbuch (SGB V) - Gesetzliche Krankenversicherung	Fasst alle Bestimmungen zur Gesetzlichen Krankenversicherung zusammen.	§ 20 ff.: Leistungen zur Verhütung von Krankheiten, betriebliche Gesundheitsförderung und Prävention arbeitsbedingter Gesundheitsgefahren, Förderung der Selbsthilfe durch die gesetzlichen Krankenkassen.
Sozialgesetzbuch (SGB VII) - Gesetzliche Unfallversicherung	Prävention arbeitsbedingter Gesundheitsgefahren durch die gesetzliche Unfallversicherung; Zusammenarbeit mit der gesetzlichen Krankenversicherung.	1. Aufgabe der Unfallversicherung ist es, nach Maßgabe der Vorschriften dieses Buches mit allen geeigneten Mitteln Arbeitsunfälle und Berufskrankheiten sowie arbeitsbedingte Gesundheitsgefahren zu verhüten (§1 Nr. 1). 2. Die Unfallversicherungsträger haben mit allen geeigneten Mitteln für die Verhütung von Arbeitsunfällen, Berufskrankheiten und arbeitsbedingten Gesundheitsgefahren und für eine wirksame Erste Hilfe zu sorgen. Sie sollen dabei auch den Ursachen von arbeitsbedingten Gefahren für Leben und Gesundheit nachgehen. Bei der Verhütung arbeitsbedingter Gesundheitsgefahren arbeiten die Unfallversicherungsträger mit den Krankenkassen zusammen. (§14)

Tabelle 1: Rechtsgrundlagen des BGM (Teil 1)

Rechtsgrundlage	Funktion	Inhalt
Arbeitsschutzgesetz (ArbSchG)	Gesetz über die Durchführung von Maßnahmen des Arbeitsschutzes zur Verbesserung der Sicherheit und des Gesundheitsschutzes der Beschäftigten bei der Arbeit . Regelt die Pflichten der Arbeitgeber sowie Pflichten und Rechte der Arbeitnehmer. Ist ein deutsches Gesetz zur Umsetzung von EU-Richtlinien zum Arbeitsschutz.	1. Ziel des Gesetzes ist es, die Gesundheit aller Beschäftigten – einschließlich der des öffentlichen Dienstes – durch Maßnahmen des Arbeitsschutzes zu sichern und zu verbessern (§ 1). 2. Wesentliche Neuerung bei der Einführung des Gesetzes war die Gefährdungsbeurteilung (§ 5). Die sich daraus ergebenden Präventionsmaßnahmen sind in ihrer Wirksamkeit zu überprüfen (§ 3). Dokumentation ist erforderlich (§ 6). 3. Der Arbeitgeber hat ferner für eine regelmäßige Unterweisung seiner Mitarbeiter zu sorgen (§ 12). Der Arbeitgeber kann Aufgaben und Pflichten auf geeignete Mitarbeiter übertragen (§ 7, § 13), bleibt aber in jedem Fall verpflichtet, die Erfüllung der übertragenen Aufgaben zu kontrollieren. 4. Die Mitarbeiter haben ihrerseits die Hinweise des Arbeitgebers zu beachten und dafür Sorge zu tragen, dass durch ihre Tätigkeit andere Personen nicht gefährdet werden (§ 15). Sie sind ferner verpflichtet, festgestellte Mängel, die Auswirkungen auf Sicherheit und Gesundheit haben können, dem Arbeitgeber zu melden (§ 16). 5. Das Arbeitsschutzgesetz ist zudem die Ermächtigungsgrundlage zum Erlass von Rechtsverordnungen auf dem Gebiet Sicherheit und Gesundheit bei der Arbeit (§ 17, § 18).

Tabelle 1: Rechtsgrundlagen des BGM (Teil 2)

Rechtsgrundlage	Funktion	Inhalt
Arbeitssicherheitsgesetz (ASiG)	Regelt die Pflichten der Arbeitgeber zur Bestellung von Betriebsärzten, Sicherheitsingenieuren und anderen Fachkräften für Arbeitssicherheit. Es soll eine fachkundige Beratung der Arbeitgeber sicherstellen.	Der Arbeitgeber hat nach Maßgabe dieses Gesetzes Betriebsärzte und Fachkräfte für Arbeitssicherheit zu bestellen. Diese sollen ihn beim Arbeitsschutz und bei der Unfallverhütung unterstützen. Damit soll erreicht werden, dass 1. die dem Arbeitsschutz und der Unfallverhütung dienenden Vorschriften den besonderen Betriebsverhältnissen entsprechend angewandt werden, 2. gesicherte arbeitsmedizinische und sicherheitstechnische Erkenntnisse zur Verbesserung des Arbeitsschutzes und der Unfallverhütung verwirklicht werden können, 3. die dem Arbeitsschutz und der Unfallverhütung dienenden Maßnahmen einen möglichst hohen Wirkungsgrad erreichen. (§1)
Bildschirmarbeitsverordnung (BildscharbV)	Die Bildschirmarbeitsverordnung (BildscharbV), eine Verordnung über Sicherheit und Gesundheitsschutz bei der Arbeit an Bildschirmgeräten nach Artikel 3 der Verordnung zur Umsetzung von EG-Einzelrichtlinien zur EG-Rahmenrichtlinie Arbeitsschutz.	Ziel der BildscharbV ist die Regelung des Gesundheitsschutzes bei der Arbeit an Bildschirmen (2005 sollen es zehn Millionen Arbeitsplätze in Deutschland sein). Was konkret unter einem Bildschirmarbeitsplatz zu verstehen ist, wird in § 1 der Verordnung festgelegt.

Tabelle 1: Rechtsgrundlagen des BGM (Teil 3)

Rechtsgrundlage	Funktion	Inhalt
Arbeitszeitgesetz (ArbZG)	Regelt Arbeits-, Pausen- und Erholungszeiten zum Schutz der Gesundheit und zur Flexibilisierung der Arbeitszeit. Das Arbeitszeitgesetz beruht auf der Europäischen Richtlinie 93/104/EG vom 23. November 1993.	Das Gesetz gewährleistet die Sicherheit und den Gesundheitsschutz der Arbeitnehmer bei der Arbeitszeitgestaltung. Es verbessert die Rahmenbedingungen für flexible Arbeitszeiten. Es schützt den Sonntag und die staatlich anerkannten Feiertage als Tage der Arbeitsruhe und der seelischen Erhebung der Arbeitnehmer. (§1) Das Arbeitszeitgesetz gilt grundsätzlich für alle Arbeitnehmer (Arbeiter und Angestellte sowie die zu ihrer Berufsbildung Beschäftigten); Ausnahmen für Personengruppen und Branchen sind geregelt. (§ 18)
Jahressteuergesetz 2009 (JStG 2009)	Das Jahressteuergesetz 2009 umfasst eine Vielzahl von Verbesserungen in verschiedenen Bereichen des Steuerrechts. Die Maßnahmen betreffen ganz unterschiedliche Bereiche – das Spektrum reicht von Gesundheitsförderung, über die Bekämpfung von Steuerstraftaten oder extremistischen Vereinen bis hin zur Eigenheimzulage und Maßnahmen zur Vereinfachung des Steuerrechts.	Leistungen des Arbeitgebers zur Verbesserung des allgemeinen Gesundheitszustandes und der betrieblichen Gesundheitsförderung bis zu 500 Euro pro Mitarbeiter und Jahr steuer- und sozialversicherungsfrei. Unterstützt werden Maßnahmen zur Verbesserung des allgemeinen Gesundheitszustandes. Dazu gehören Bewegungs- und Ernährungsprogramme und Maßnahmen zur betrieblichen Gesundheitsförderung, etwa um arbeitsbedingte körperliche Belastungen zu reduzieren. Die Steuervorteile gelten für Maßnahmen, die in den Betrieben durchgeführt werden, sowie für externe Maßnahmen.

Tabelle 1: Rechtsgrundlagen des BGM (Teil 4)

Rechtsgrundlage	Funktion	Inhalt
Arbeitsstättenverordnung (ArbStättV)	Sicherheitstechnische, arbeitsmedizinische und Hygiene-Regeln für die Einrichtung und den Betrieb von Arbeitsstätten, auch Nichtraucherschutz am Arbeitsplatz. Setzt die EU-Richtlinie 89/654/EWG um.	Zu einzelnen Vorschriften gibt es so genannte Arbeitsstättenrichtlinien, die genauere Definitionen und Auslegungen unbestimmter Rechtsbegriffe enthalten. Die Arbeitsstättenverordnung einschließlich der Arbeitsstättenrichtlinien ist bundesweit gültig. Diese amtlich anerkannten Richtlinien regeln Einzelheiten z. B. zu Themen wie: ■ ASR 5 - Lüftung ■ ASR 6 - Raumtemperaturen ■ ASR 7/1 - Sichtverbindung nach außen ■ ASR 7/3 - Künstliche Beleuchtung ■ ASR 7/4 - Sicherheitsbeleuchtung ■ ASR 8/1 – Fußböden Der Vollzug der Arbeitsstättenverordnung obliegt den Gewerbeaufsichtsämtern (Gewerbeaufsicht) bzw. den Ämtern für Arbeitsschutz (je nach Bundesland).

Tabelle 1: Rechtsgrundlagen des BGM (Teil 5)

Leitlinien

Leitlinie	Funktion	Inhalt
Ottawa-Charta der WHO	Ist ein Dokument, das am 21. November 1986 im kanadischen Ottawa zum Abschluss der Ersten Internationalen Konferenz zur Gesundheitsförderung von der Weltgesundheitsorganisation (WHO) veröffentlicht wurde.	Die Charta bietet ein inhaltliches und methodisches Integrationsmodell an, um unterschiedliche Strategien der Gesundheitsaufklärung, Gesundheitserziehung, Gesundheitsbildung, Gesundheitsberatung, Gesundheitsselbsthilfe sowie der Präventivmedizin anzuwenden und fortzuentwickeln. Ihr gesundheitspolitisches Leitbild wird auch als Umorientierung von der Verhütung von Krankheiten zur Förderung von Gesundheit beschrieben. Dies erfordert neue Handlungsprioritäten, insbesondere eine starke Orientierung auf die politische Gestaltung der gesundheitsrelevanten Faktoren und Umweltbedingungen.
Handlungsleitfaden der Gesetzlichen Krankenversicherung zur Umsetzung von § 20 Abs. 1 und 2 SGB V	Die Aufgaben der Krankenkassen in der betrieblichen Gesundheitsförderung und Primärprävention werden vom § 20 SGB V geregelt zusammen mit dem dazu gehörigen Handlungsleitfaden für die Krankenkassen.	Mit diesem Leitfaden haben die Spitzenverbände der Krankenkassen unter Beteiligung unabhängigen Sachverstandes prioritäre Handlungsfelder und Kriterien festgelegt, die für Maßnahmen der Primärprävention und den Arbeitsschutz ergänzende Maßnahmen der betrieblichen Gesundheitsförderung durch die Krankenkassen verbindlich gelten. Maßnahmen, die nicht den in diesem Leitfaden dargestellten Handlungsfeldern und Kriterien entsprechen, dürfen von den Krankenkassen nicht im Rahmen von § 20 Abs. 1 und 2 SGB V durchgeführt oder gefördert werden. In Zweifelsfällen sind die jeweiligen Aufsichtsbehörden einzuschalten.

Tabelle 2: Leitlinien zum BGM (Teil 1)

Leitlinie	Funktion	Inhalt
Luxemburger Deklaration	Diese Deklaration wurde von allen Mitgliedern des Europäischen Netzwerkes für betriebliche Gesundheitsförderung anlässlich ihres Treffens vom 27. bis 28. November 1997 in Luxemburg verabschiedet und im Juni 2005 aktualisiert.	Handlungsleitfaden der Gesetzlichen Krankenversicherung zur Umsetzung von § 20 Abs. 1 und 2 SGB V.

Tabelle 2: Leitlinien zum BGM (Teil 2)

Fazit

Die Gesetze und Verordnungen beschreiben Mindestanforderungen und stecken den Handlungsrahmen für die verschiedenen Akteure ab. Für die Entwicklung ganzheitlicher, langfristig wirksamer Gesundheitsförderungs-Maßnahmen reicht das nicht aus; hier sind eher Zieldefinitionen und Qualitätskriterien gefragt. Hierfür sind die Leitlinien nützlich (wie die Ottawa-Charta der WHO und die Luxemburger Deklaration des Europäischen Netzwerks für betriebliche Gesundheitsförderung), die Anregungen für die konkrete Ausgestaltung der betrieblichen Gesundheitsförderung und Prävention geben.

Da der Themenbereich des Arbeitsschutzes sehr umfangreich sein kann und viele Vorschriften und Gesetze beachtet werden müssen, empfiehlt sich für kleine und mittlere Unternehmen die Einführung eines Arbeitsschutzmanagementsystems wie z.B. OHRIS oder SCC. Bei Umsetzung eines ganzheitlichen und integrierten Gesundheitsmanagements geht der Arbeitsschutz idealer Weise im BGM auf.

1.3 Stand der Forschung zum BGM

Betriebliches Gesundheitsmanagement wurde in der Wissenschaft vielfach bearbeitet. Dabei wurden Qualitätskriterien, Checklisten oder Leitfäden entwickelt und die Umsetzung in den Unternehmen durch Studien untersucht. Allerdings befassen sich nur wenige Arbeiten explizit mit kleinen und mittleren Unternehmen. Mit den Widerständen gegen BGM in kleinen und mittleren Unternehmen hat man sich noch nie auseinandergesetzt. Diese Lücke schließt die vorliegende Schrift.

Im Folgenden soll jedoch zunächst ein Überblick über bereits bestehende relevante Studien und sonstige Publikationen gegeben werden und eine Bewertung erfolgen.

1.3.1 Studien zum BGM

Eine Vielzahl von wissenschaftlichen Überblicksartikeln und Studien hat sich in den letzten Jahren den vielfältigen Fragestellungen der Betrieblichen Gesundheitsförderung bzw. dem Betrieblichen Gesundheitsmanagement gewidmet.

Sockoll et al. (2008) haben unter dem Titel „Wirksamkeit und Nutzen betrieblicher Gesundheitsförderung und Prävention" eine umfangreiche Metaanalyse durchgeführt. Zentrale Erkenntnisse dieser Analyse, die über 40 Artikel – die wiederum fast 1.000 Studien beurteilen – berücksichtigt, sind ...

- Die wissenschaftliche Literatur ist sich einig über den hohen Nutzen betrieblicher Gesundheitsförderung, der sich aus der Vermeidung von Krankheitskosten und krankheitsbedingten Fehlzeiten ergibt.
- Verhaltenspräventive Maßnahmen zur Förderung der körperlichen Aktivität der Mitarbeiter sind – jedoch in begrenztem Umfang – als positiv zu bewerten.
- Positive Resultate erzielen sowohl verhaltens- als auch verhältnispräventive Maßnahmen zur Förderung gesunder Ernährung.
- Bei der Raucherentwöhnung überzeugen verhaltenspräventive Ansätze. Auf Ebene der Organisation ist das Rauch-Verbot als probates Mittel zum Nichtraucher-Schutz, weniger zur Raucherentwöhnung als geeignet anzusehen.

- Vor allem umfassend angelegte Mehrkomponenten-Programme tragen zur Senkung von Gesundheitsrisiken bei den Mitarbeitern bei.
- Gesundheitszirkel haben sich als beliebtes Instrument der BGF etabliert, ihr Nutzen ist jedoch bislang wissenschaftlich nicht eindeutig belegt.
- Fehlzeiten aufgrund psychischer Erkrankungen können durch verhaltenspräventive Maßnahmen wirksam vermieden werden. Weiterhin sind insbesondere Bewegungsprogramme eine erfolgreiche Strategie bei der Bekämpfung psychischer Erkrankungen.
- Den größten Nutzen bei der Prävention psychischer Erkrankungen erzielen kombinierte Programme, die aus Interventionen auf der individuellen und der organisatorischen Ebene bestehen.
- Edukative Maßnahmen wie Rückenschule oder Stressbewältigungstrainings haben keine primärpräventive Wirkung.
- Der ökonomische Nutzen betrieblicher Gesundheitsförderung liegt in der Senkung der Krankheitskosten und der durch Fehlzeiten verursachten Kosten. Der konkrete monetäre Nutzen ist jedoch schwer zu bestimmen. Hier bedarf es weiterer Studien mit ausgefeilten Erfassungs- und Analyseverfahren.
- Die Potentiale der BGF werden in den Unternehmen bislang nur unzureichend ausgeschöpft. Die einzelnen Maßnahmen müssen daher stärker vernetzt und wesentliche Faktoren wie eine Bedarfsanalyse vor Implementierung des Programms oder die Partizipation der Mitarbeiter stärker beachtet werden.

Helmenstein et al. (2004) haben sich in einer auf Österreich begrenzte Studie dem ökonomischen Nutzen betrieblicher Gesundheitsförderung gewidmet und dabei volkswirtschaftliche Einspareffekte von bis 1,7% des Bruttoinlandsproduktes errechnet. Diese Effekte zeigen sich allerdings nur bei Erreichung von 100% der Erwerbstätigen durch BGF-Programme und entsprechend nachhaltiger Verhaltensänderung. Überdies werden weitere nicht quantifizierbare Effekte wie die Steigerung des persönlichen Wohlbefindens und ein erhöhtes Selbstbewusstsein angenommen. Auch wenn derartige Berechnungen aufgrund der notwendigerweise zu treffenden Prämissen sehr theoretischen Charakter haben, unterstreichen sie doch eindrucksvoll den grundsätzlichen, für Unternehmer nachvollziehbaren Nutzen eines BGM.

In Großunternehmen wird Gesundheitsmanagement zwar mehrheitlich betrieben, zumeist aber vorrangig aus wirtschaftlichen Gründen. Schwächen sind besonders bei der strategischen Planung und im Controlling des BGM zu erkennen, wie eine Studie von EuPD Research für das Jahr 2006/07 zeigt (Forst et al. 2006). Dass gerade einmal 258 der 800 größten deutschen Unternehmen ein professionelles BGM installiert haben, zeigt die Studie des Folgejahres (Henssler/Forst 2007). Demnach haben selbst große Konzerne Schwierigkeiten ein strukturiertes BGM umzusetzen oder erachten dies ohnehin nicht für notwendig. Daher verwundert es u. E. auch nicht, dass BGM in KMU noch seltener, weniger strategisch und organisiert betrieben wird. Die finanziellen, personellen und organisatorischen Rahmenbedingungen haben in KMU häufig das Primat des operativen Geschäfts zur Folge, strategische Planung und langfristig sowie nachhaltig orientierte Unternehmensführung sind eher selten.

Vielfach sind die Unternehmen auch konzeptionell überfordert und benötigen externe Anleitung. Eine Blitzbefragung unter den Teilnehmern (n=106) der Fachtagung „BGM – eine Innovation auf Erfolgskurs" am 24.09.2008 an der Uni Bielefeld (Zentrum für wissenschaftliche Weiterbeildung an der Universität Bielefeld e.V. 2008) stellt so auch den Nutzen eines überbetrieblichen BGM-Standards für den Aufbau und die Etablierung eines BGM deutlich heraus: 82% der Befragten halten einen solchen Standard für nützlich bis sehr nützlich. Eine Selbstauditierung auf Grundlage eines solchen Standards wird wiederum von 64% als sehr bis eher sinnvoll erachtet und die Idee einer externen Zertifizierung wird von 60% unterstützt. Diese Ergebnisse zeigen u. E. den enormen Bedarf der Unternehmen nach Führung und standardisierter Anleitung beim BGM.

1.3.2 Studien und Befunde zum BGM in kleinen und mittleren Unternehmen

Das Europäische Netzwerk für betriebliche Gesundheitsförderung kommt in seinem Report on the Current Status of Workplace Health Promotion in SMEs (ENBGF 2001) zum dem Schluss, dass auf der überbetrieblichen Ebene die BGF in den europäischen Ländern auch bei KMU an Bedeutung gewonnen hat aufgrund der in nationales Recht umgesetzten EU-Richtlinien. Vielfach sind die gesetzlichen Vorgaben jedoch aufgrund der spezifischen Bedingungen, unter den KMU tätig sind, in der Praxis schwer umsetzbar. Dementsprechend bedarf es verstärkter Anstrengungen zur Sensibilisierung und Motivierung der Unternehmen. Ebenso müssen Interesse und Akzeptanz gefördert, Infrastrukturen aufgebaut und praxisorientierte Unterstützungsangebote für KMU geschaffen werden. Dies schlägt sich in den „Kriterien und Beispiele guter Praxis der betrieblichen Gesundheitsförderung in kleinen und mittleren Unternehmen" (ENBGF o.J.) nieder.

Der Hauptverband der gewerblichen Berufsgenossenschaften (HVBG) hat sich vor dem Hintergrund einer steigenden Anzahl von meldepflichtigen Arbeitsunfällen bei abnehmender Betriebsgröße ausführlich mit geeigneten Präventionsaktionen für kleine und mittlere Unternehmen (HVBG 2002) beschäftigt und das Angebot der Berufsgenossenschaften (BG) untersucht. Demnach werden von nahezu allen Berufsgenossenschaften (97%) Aus-, Fortbildungs- und Motivationsmaßnahmen angeboten. Im Mittel führt jede BG pro Jahr 145 Veranstaltungen zu diesen Zwecken durch, was ihren hohen Stellenwert unterstreicht. Aufgrund der strukturellen Merkmale, die KMU aufweisen, richten sich 96,6% aller Bildungsangebote direkt an die Unternehmer. Als zweithäufigste Zielgruppe werden die Führungskräfte genannt (65,5%). Weiterhin zeigt sich, dass die Organisation und Optimierung des Arbeitsschutzes sowie die weiteren Angebote der BGs zu Arbeitsschutz und Gesundheitsförderung v. a. durch persönliche Beratungen in die Unternehmen getragen werden. Ebenfalls erfolgreich sei der Transfer über branchenspezifische Maßnahmen auf Basis kurzer praxisbezogener Informationen. Hindernisse bei der Akzeptanz der BG-Angebote sind v. a. der damit verbundene zeitliche und z. T. auch finanzielle oder personelle Aufwand. Diese Befragungsergebnisse verdeutlichen erneut die Schlüsselrolle, die den Inhabern oder Geschäftsführern kleiner und mittlerer Unternehmen bei der Einführung und Umsetzung neuer Konzepte zukommt. Dass zeitlicher, finanzieller und personeller Aufwand Hinderungsgründe darstellen, ist aufgrund der in KMU häufig eher kurzfristig ausfallenden Planung und gewünschten Amortisation nicht verwunderlich.

Eine Mitgliederbefragung (n=54) des Forums KMU im Deutschen Netzwerk Betriebliche Gesundheitsförderung (DNBGF 2005) zeigte, dass insbesondere die bessere Vernetzung und Koordination der vielen Einzelaktivitäten in KMU als notwendig erachtet wird. In Zusammenhang mit BGF waren die befragten KMU am stärksten an den folgenden Themen interessiert:

- Psychische Belastungen und Beanspruchungen bei der Arbeit
- Demographischer Wandel
- Kosten-Nutzen von BGF

Überdies wurde in einer offenen Frage deutlich, dass KMU spezielles Informationsinteresse zu „Good Practice"-Beispielen aus anderen KMU, der Bewertung gescheiterter Vorhaben, bewährten und nicht einsetzbaren Instrumenten für KMU sowie Modellen für die Überzeugungsarbeit haben.

Eine im Raum Hamburg durchgeführte Befragung von mittelständischen Unternehmen zur betrieblichen Gesundheitsförderung im Jahr 2003 (Scharnhorst/Rehhorn 2003) zeigte, dass immerhin zwei Drittel der Firmen die Themen BGF und Burn-Out-Prophylaxe diskutieren. Jedoch nur 45% haben bereits Konzepte für die BGF, insgesamt 68% bieten aber bereits Einzelmaßnahmen in diesen Bereich an. Dies zeigt, dass in KMU Einzelmaßnahmen gegenüber einem ganzheitlichen BGM dominieren. Etwa ein Drittel der Befragten führt überhaupt keine Maßnahmen zur Gesundheitsförderung durch. Unterstützung holen sich die Unternehmen hauptsächlich bei externen Dienstleistern und den Krankenkassen. Da über 50% der befragten Unternehmen gesundheitsbezogene Maßnahmen der Personalentwicklung anbieten und ihre Mitarbeiter bei entsprechenden Aktivitäten unterstützen, schlussfolgern die Autoren der Studie, dass sich v. a. bereits auf dem Gebiet der BGF aktive Unternehmen an der Befragung beteiligt haben. Im Durchschnitt sind KMU daher wahrscheinlich deutlicher weniger in der Gesundheitsförderung engagiert. Weiterhin wird der noch immer geringe Stellenwert BGF dadurch deutlich, dass nur ein Drittel der Unternehmen ein eigenes internes Budget für gesundheitsfördernde Maßnahmen hat. 85% der Befragten halten insbesondere Investitionen in präventive gesundheitsfördernde Maßnahmen sinnvoll, 74% sehen auch in Wellness-Angeboten einen möglichen Nutzen.

Hirtenlehner und Sebinger (2004) haben sich mit BGF in KMU im Raum Oberösterreich empirisch auseinandergesetzt. Dazu wurden die Antworten von über 1200 Unternehmen ausgewertet und zeigten zunächst, dass bei 50% der Befragten ein vollkommenes Wissensdefizit zur betrieblichen Gesundheitsförderung besteht. Weiterhin zeigte sich, dass die informierten Unternehmen eher über Kenntnisse zur BGF allgemein und den Erfolgspotenzialen als über konkretes Durchführungswissen verfügen und nur 34% bereits BGF betreiben. Als lohnende Investition sehen 84% der befragten KMU die BGF, wohingegen 12% betriebliche Gesundheitsförderung für eine sinnlose Modeerscheinung halten. KMU sehen die größten Wirkungspotenziale der BGF in der Erhöhung des Gesundheitsbewusstseins (76%) und der Verbesserung des Gesundheitszustandes (65%). Eine sich aus der BGF ableitende Verbesserung der Marktchancen wird nur von 10% der Befragten für möglich gehalten. In der praktischen Umsetzung zeigt sich, dass nur

3% ganzheitliche BGF-Projekte – also wirkliches Gesundheitsmanagement – durchführen. Der Rest setzt hauptsächlich Einzelmaßnahmen um. Die Schlüsselrolle der Unternehmensleitung bei der Initiierung gesundheitsfördernder Maßnahmen wird auch durch die Erhebung von Hirtenlehner und Sebinger bestätigt: In 72% der untersuchten Unternehmen war die Unternehmensleitung Initiator.

1.3.3 Befunde zu Widerständen und Hemmnissen

Badura (2008) konstatiert, dass es noch immer sowohl bei Arbeitgebern und Managern als auch bei Arbeitnehmern und Betriebs- und Personalräten an Akzeptanz für ein BGM mangelt.

Ähnliches hat auch die Befragung des HVBG (2002) ergeben. Vor allem der erforderliche Zeitaufwand und die angespannte wirtschaftliche Lage würden KMU davon abhalten BGF/BGM-Angebote zu nutzen. Ebenso sei auf Seiten der Unternehmer vielfach ein Erkenntnisdefizit auszumachen. Die Bedeutung des Arbeitsschutzes und sein betriebswirtschaftlicher Nutzen würden nicht richtig eingeschätzt.

Auch Hirtenlehner und Sebinger (2004) haben in Ihrer Studie zur BGF in KMU Hindernisse für eine BGF untersucht und dabei drei zentrale Faktoren ausgemacht:

- Fehlende Sensibilisierung
- Mangelnde Transparenz
- Wirtschaftliche Gründe

Die mangelnde Transparenz ist der Studie zufolge die größte Hürde (74%). Wirtschaftliche Gründe (35%) und die fehlende Sensibilisierung (27%) wiegen den Unternehmen zufolge als Hinderungsgründe weniger schwer. So beurteilen 38% der Unternehmen die generelle Umsetzbarkeit der BGF-Maßnahmen als eher schwierig bis sehr schwierig. 62% sehen bei der Umsetzbarkeit jedoch kaum bis gar keine Schwierigkeiten.

Jenseits allgemeiner Aussagen zu bestehenden Widerständen und Hemmnissen bei der Einführung eines betrieblichen Gesundheitsmanagements bestehen bislang jedoch keine Erkenntnisse zu den Hintergründen und Ursachen dieser.

2 Eine Studie zum BGM in kleinen und mittleren Unternehmen

Hintergrund und Ziele

Steigernder Wettbewerb und Management-Professionalisierung, Beschleunigung von betrieblichen und gesellschaftlichen Prozessen und wachsende Anforderungen von Kunden an Geschwindigkeit und Ubiquität treffen auch kleine und mittlere Unternehmen (KMU). In dessen Folge steigen die Anforderungen an die Belastbarkeit und Flexibilität der Mitarbeiter deutlich. Gleichzeitig führt die demographische Entwicklung in Deutschland dazu, dass das Angebot an jüngeren Arbeitskräften zurückgeht und das Durchschnittsalter der Mitarbeiter in den Unternehmen steigt. Umso wichtiger ist, dass die Geschäftsführer und Personalverantwortlichen in KMU ihre Mitarbeiter nicht nur fachlich, sondern auch gesundheitlich pflegen und nachhaltig fördern und sich verstärkt für die Gesundheit, Zufriedenheit und Motivation ihrer Mitarbeiter engagieren.

Viele – zumeist große – Unternehmen haben bereits erkannt, dass Investitionen in die Gesundheit ihrer Mitarbeiter deren Zufriedenheit und Produktivität erhöhen, den Krankenstand auch dauerhaft senken, das Image des Unternehmens nach innen und außen verbessern und damit insgesamt den Erfolg des Unternehmens steigern. Im Gegensatz zu vielen Großunternehmen spielt das Thema „Betriebliches Gesundheitsmanagement" bei den meisten KMU jedoch nur eine untergeordnete Rolle. Gleichzeitig lassen sich die Strategien und Maßnahmen großer Unternehmen ebenso wenig auf KMU übertragen wie die Argumente, die notwendig sind, Entscheider in KMU vom Nutzen gesundheitsfördernder Maßnahmen in ihrem Betrieb zu überzeugen.

Es stellen sich somit folgende Fragen: Welche Einstellungen haben Entscheider in KMU zum „Betrieblichen Gesundheitsmanagement"? Welche Gründe sprechen für/gegen die Durchführung gesundheitsfördernder Maßnahmen? Welche gesundheitsfördernden Maßnahmen werden bereits durchgeführt, welche nicht? Welche Maßnahmen sind geplant? In welchen Unternehmen bzw. unter welchen Bedingungen gelingt die Umsetzung gesundheitsfördernder Maßnahmen gut/weniger gut? Welche Ursachen und Hintergründe von Widerständen – insbesondere auch emotionalen Widerständen – gibt es in KMU gegen ein „Betriebliches Gesundheitsmanagement“ und mit welchen Strategien, Maßnahmen und Argumenten können diese Widerstände überwunden werden?

Die zentralen Ziele der Studie im Überblick:

- Gewinnung von Informationen über die Ursachen und Hintergründe von – auch emotionalen – Widerständen gegen ein „Betriebliches Gesundheitsmanagement“ in KMU.
- Entwicklung von Strategien, Konzepten und Maßnahmen zur Überwindung der analysierten Widerstände.
- Ableiten von Handlungsempfehlungen zur Optimierung des Beratungs- und Bildungsangebots der BGM-Berater und der zielgerichteten Ansprache von KMU.

Vorgehensweise und Aufbau der drei Teilstudien

Die Gesamtstudie besteht aus drei Erhebungsteilen (Teilstudien): Einer qualitativen Expertenbefragung (explorative Vorstudie), einer sich anschließenden Telefonbefragung und einer schriftlichen (quantitativen) Befragung von KMU. Abbildung 1 zeigt Vorgehensweise und Befragungsinhalte im Überblick. Die Teilstudien wurden im Jahre 2007 durchgeführt.

Primäres Ziel der **Expertenbefragung** war es, bei der Fülle möglicher Widerstände, Maßnahmen und Entwicklungen den Blick auf die Wesentlichen zu konzentrieren und somit Prioritäten für die folgenden Erhebungsstufen zu setzen. Aus den Statements der Experten konnten zahlreiche Anregungen abgeleitet werden. Die Interviews wurden entlang eines Interviewleitfadens geführt. Für die Gespräche wurden zwei Interviewer eingesetzt. Ein Teil der Gespräche wurde vom Autor persönlich geführt, um das Antwortverhalten der Befragten kennen zu lernen. Ein weiterer Teil der Expertengespräche wurde von weiteren Mitarbeitern des DIKMU geführt. Die Interviews dauerten ca. 30 Minuten. Die Antworten der Befragten wurden qualitativ-explorativ ausgewertet.

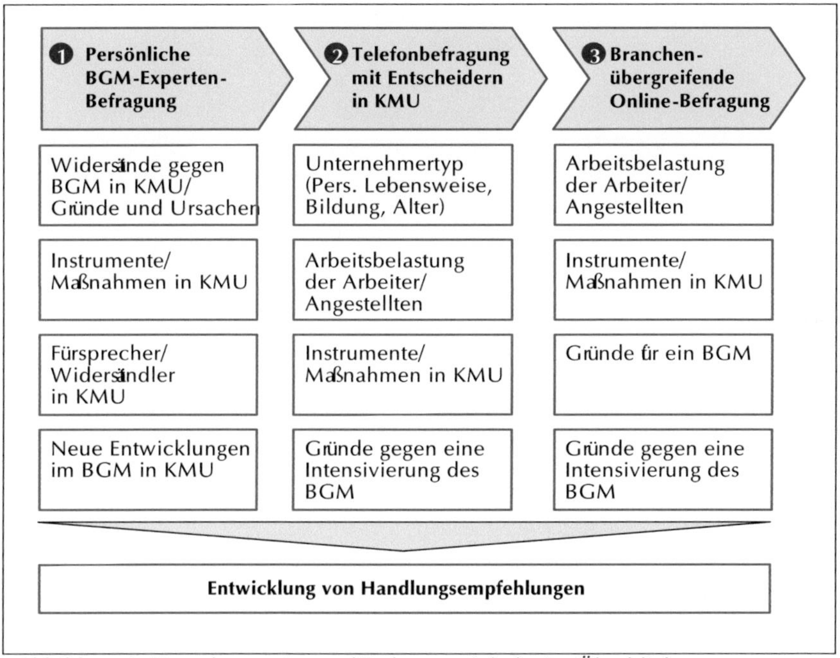

Abbildung 1: Vorgehensweise und Befragungsinhalte im Überblick

Während die Experten überwiegend aus wissenschaftlichen Einrichtungen und Beratungsinstitutionen stammten, verlagerte sich der Fokus mit der anschließenden **Telefonbefragung** auf die Entscheider (zum BGM) in KMU. Diese waren fast ausschließlich die Geschäftsführer oder Mitglieder der Geschäftsführung. Ziel war es, ausgewählte Ergebnisse der Expertenbefragung aus Sicht der KMU zu hinterfragen bzw. zu konkretisieren. Hierzu wurden insgesamt 52 Unternehmen mit der Bitte um einen Telefontermin angesprochen. Die befragten Unternehmen stammen aus dem gesamten Bundesgebiet. 24 der kontaktierten Unternehmen erklärten sich bereit, an der Befragung teilzunehmen. Der Befragung lag sodann ein strukturierter Fragebogen zugrunde. Die Interviews, die von Mitarbeitern des DIKMU durchgeführt worden sind, dauerten durchschnittlich ca. 20 Minuten.

Die schriftliche **Online-Befragung** schließlich sollte branchen- und unternehmensgrößenspezifische Aussagen erbringen. Hierzu wurden deutschlandweit 4.325 kleine und mittlere Unternehmen per E-Mail bzw. per Post schriftlich angeschrieben. Es wurden wiederum die Entscheider in Fragen des BGM angesprochen. Etwas später wurden die Adressaten nochmals per E-Mail an die Befragung erinnert. Der Rücklauf betrug 417 Fälle, was einer Rücklaufquote von 9,6% entspricht. Ein mögliches Non-Response-Bias wurde mittels Split-Half-Methode varianzanalytisch bei 15 Items bzw. Variablen geprüft. Es ergaben sich jedoch keine signifikanten Differenzen zwischen den frühen und den späteren (nach der Erinnerung erfolgten) Rückläufen. Die quantitativen Daten wurden unter Zuhilfenahme gängiger Statistiksoftware und Tabellenkalkulationen ausgewertet und graphisch aufbereitet.

Abbildung 2 zeigt Umfang und Termine der einzelnen Erhebungsschritte im Überblick:

Erhebungsschritt	**Anzahl Befragte**
❶ Persönliche BGM-Experten-Befragung	12
❷ Telefonbefragung mit Entscheidern in KMU	24
❸ Branchenübergreifende Online-Befragung	417

Abbildung 2: Umfang und Termine der Erhebungsschritte

3 Die drei Teilerhebungen der Gesamtstudie – Eine Charakterisierung

Wie zuvor ausgeführt, besteht die Studie in ihrem empirischen Teile aus drei Teilerhebungen. Die Ergebnisse werden im weiteren Verlauf der Ausführungen für alle Teilstudien zusammenfassend diskutiert. Daher werden hier im Vorfeld die Teilstudien einzeln charakterisiert, wobei – bei den Unternehmen - auch auf die körperliche und psychische Belastung der Unternehmen Bezug genommen wird.

3.1 Erste Teilerhebung: Expertenbefragung

Die nachfolgende Abbildung (Abb. 3) zeigt, wie sich die Stichprobe der Expertenbefragung zusammensetzt.

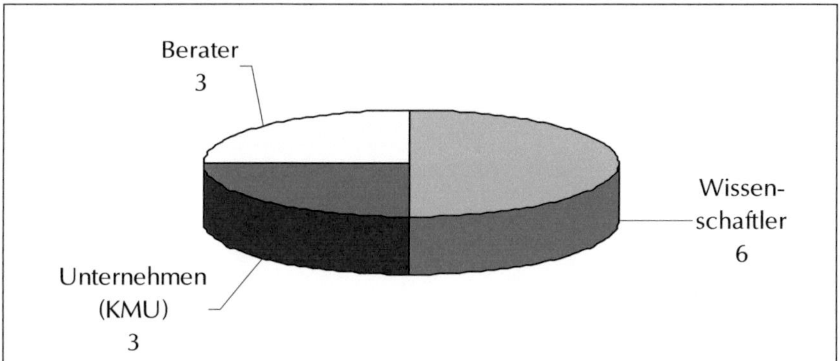

Abbildung 3: Stichprobe der Expertenbefragung (abs. Häufigkeiten, n=12)

- Sechs Experten kamen aus dem **wissenschaftlichen Umfeld** und sind Inhaber von Lehrstühlen deutscher Hochschulen (vier Befragte) bzw. deren wissenschaftliche Mitarbeiter (zwei Befragte), die sich in Forschung und Lehre mit Fragen des „Betrieblichen Gesundheitsmanagements" befassen.
- Drei Experten kamen aus **Unternehmen**, denen es nachweislich gelungen ist, ein „Betriebliches Gesundheitsmanagement" erfolgreich zu etablieren. Sie fungieren als Gesundheitsmanagementbeauftragte (zwei Be-

fragte) oder sind in ihrer Rolle als Personaler (ein Befragter) für das BGM in ihren Betrieben verantwortlich.

- Weitere drei Experten leiten privatwirtschaftlich organisierte **Beratungseinrichtungen** (zwei Befragte) bzw. Forschungszentren (ein Befragter). Diese sind speziell auf BGM-Beratungsleistungen für KMU ausgerichtet.
- Die meisten Interviewpartner (zehn Befragte) haben sich vor Ausübung ihrer jetzigen Position bereits an anderer Stelle mit Fragen des „Betrieblichen Gesundheitsmanagements" befasst. Aus ihrer Erfahrung heraus waren sie in der Lage, das Thema aus unterschiedlichen Blickwinkeln zu beleuchten, so auch unterschiedliche Widerstände gegen ein „Betriebliches Gesundheitsmanagement" und deren Hintergründe.

3.2 Zweite Erhebung: Telefonbefragung bei Entscheidern aus KMU

3.2.1 Sektorenzugehörigkeit

Die nachfolgenden Übersichten zeigen (vgl. Abb. 4, Tabelle 3), wie sich die Stichprobe aus der Telefonbefragung differenziert nach Sektoren zusammensetzt. Dabei wird deutlich, dass das Sample von Dienstleistungsunternehmen dominiert wird (35%). Jeweils ein Fünftel der Befragten vertreten ein Handwerks- bzw. Handelsunternehmen, weitere 15% ein Industrieunternehmen. Lediglich 10% üben einen freien Beruf aus.

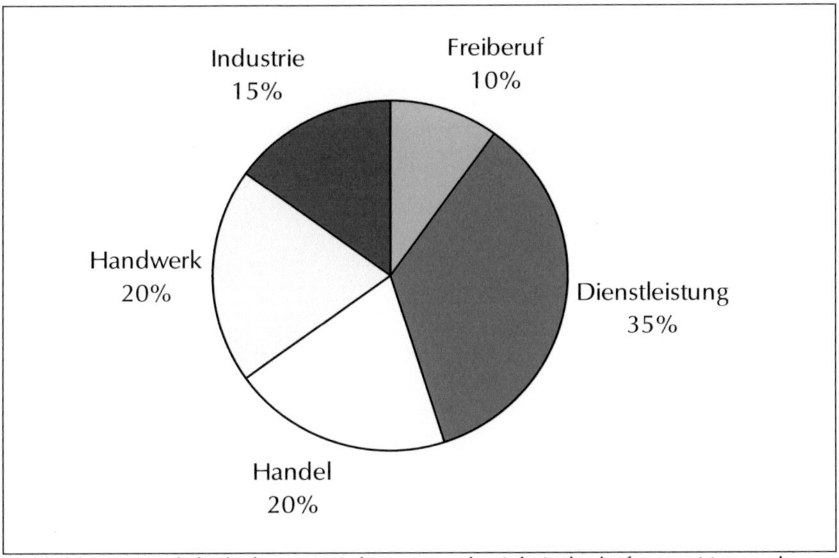

Abbildung 4: Telefonbefragung: Sektorenzugehörigkeit der befragten Unternehmen (rel. Häufigkeiten, n=20)

Sektor	Dienstleistg.	Handel	Handwerk	Industrie	Freiberuf	Total
n	7	4	4	3	2	20
%	35%	20%	20%	15%	10%	100%

Tabelle 3: Telefonbefragung: Sektorenzugehörigkeit der befragten Unternehmen (abs. und rel. Häufigkeiten, n=20)

- Unter den **Dienstleistungsunternehmen** finden sich in der Stichprobe u. a. zwei Beratungsunternehmen, ein Call-Center, ein Catering-Service und ein Reisebüro.
- Als **Handelsunternehmen** beteiligten sich ein Sanitär- und ein Stahlhandel sowie zwei Lebensmittelhändler.
- Unter den teilnehmenden **Handwerksbetrieben** fanden sich u. a. ein Friseur und eine Bäckerei.

3.2.2 Unternehmensgröße nach Mitarbeitern

Dass Sample wird von mittelgroßen Unternehmen – mit 50 bis 249 Beschäftigten – dominiert. Mehr als 40% der Befragten gehören diesem Segment an. Jeweils weitere 22% können mit 10-49 Mitarbeitern den kleinen Unternehmen zugeordnet werden. Fünf Unternehmen wiesen mehr als 249 Mitarbeiter auf, zeigten aber typische KMU-Eigenschaften und wurden daher in die Befragung eingeschlossen. Im Durchschnitt beschäftigen die befragten Unternehmen etwa 110 Mitarbeiter. Das Verhältnis von Angestellten zu Arbeitern liegt durchschnittlich bei etwa 1,7 zu 1, d. h. auf einen Arbeiter im Unternehmen kommen durchschnittlich 1,7 Angestellte.

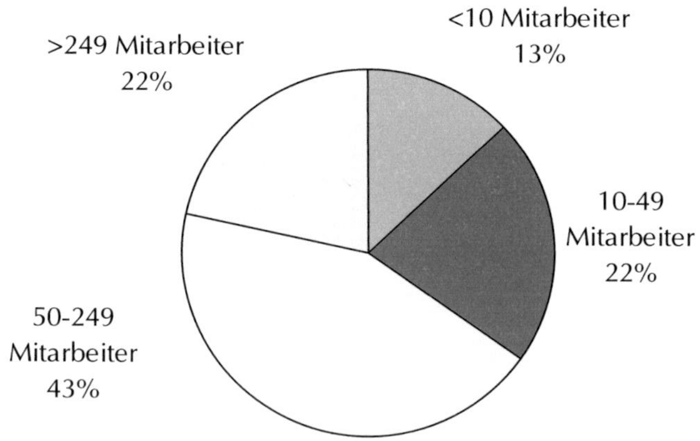

Abbildung 5: Telefonbefragung: Unternehmensgröße nach Mitarbeitern (rel. Häufigkeiten, n=23)

Mitarbeiter	<10	10-49	50-249	>249	Total	$\bar{x}$ (ohne Kl.)
n	3	5	10	5	23	110,2
%	13%	22%	43%	22%	100%	

Tabelle 4: Telefonbefragung: Unternehmensgröße nach Mitarbeitern (abs. und rel. Häufigkeiten, n=23)

3.2.3 Durchschnittsalter der Mitarbeiter

Das Durchschnittsalter der Mitarbeiter der befragten Unternehmen lag bei 37,7 Jahren. Die folgenden Darstellungen (vgl. Abb. 6, Tabelle 5) zeigen die Altersstruktur der Mitarbeiter im Überblick. Es sei darauf hingewiesen, dass es sich bei den Angaben der Befragten nur um grobe Schätzungen handelt. Sechs der befragten Unternehmen konnten keine Angaben machen.

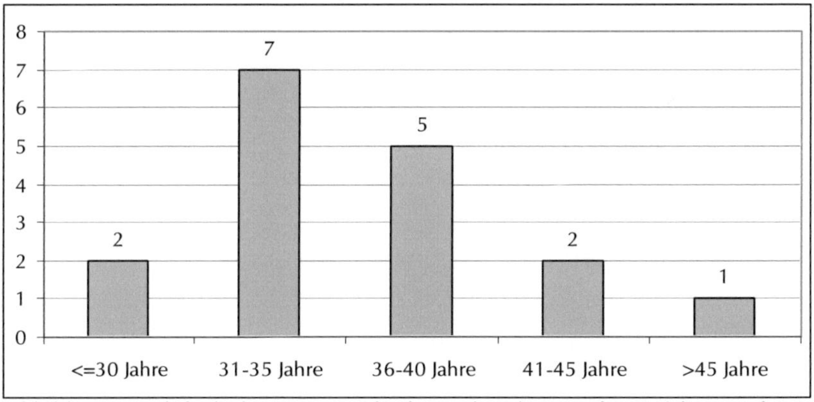

Abbildung 6: Telefonbefragung: Durchschnittsalter der Mitarbeiter (abs. Häufigkeiten, n=17)

Durchschnitts-Alter in Jahren	<31	31-35	36-40	41-45	>45	Total	$\bar{x}$ (ohne Kl.)
n	2	7	5	2	1	17	37,7
%	12%	41%	29%	12%	6%	100%	Jahre

Tabelle 5: Telefonbefragung: Durchschnittsalter der Mitarbeiter (abs. und rel. Häufigkeiten, n=17)

Das geringste Durchschnittsalter in der Stichprobe liegt bei 24 Jahren (Architekturbüro), das höchste Durchschnittsalter bei 55 Jahren (Metallbauunternehmen).

3.2.4 Körperliche und psychische Belastungen der Mitarbeiter

Die Befragten wurden nach deren grober Einschätzung zur körperlichen und psychischen Belastung ihrer Mitarbeiter befragt. Es wurde hier nur jeweils ein genereller Ratingwert auf einer Skala von 1 (geringe Belastung) bis 5 (hohe Belastung) für körperliche und psychische Belastung erfragt. Die körperlichen Belastungen (vgl. Abb. 7) sind – erwartungsgemäß – bei Mitarbeitern mit überwiegender Büroarbeit signifikant niedriger (2,2) als bei den Beschäftigten in der Produktion (3,7).

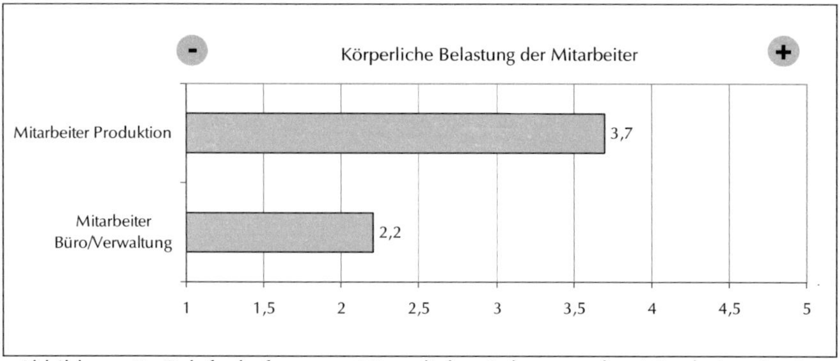

Abbildung 7: Telefonbefragung: Körperliche Belastung der Mitarbeiter in Büro/Produktion (Mittelwerte, n=21)

Ein umgekehrtes Bild ist bei den eher psychischen Belastungen erkennbar. Es kommen Mitarbeiter mit Bürotätigkeiten auf einen Durchschnittswert von 2,1. Für Beschäftigte in der Produktion wird die psychische Belastung durchschnittlich mit 1,6 bewertet (vgl. Abb. 8).

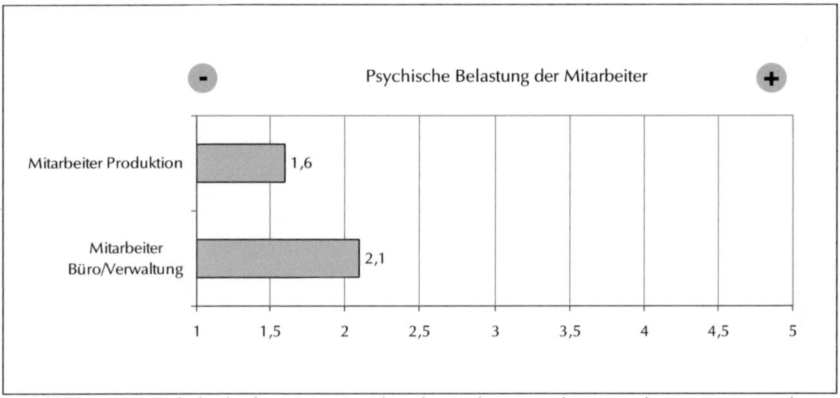

Abbildung 8: Telefonbefragung: Psychische Belastung der Mitarbeiter in Büro / Produktion (Mittelwerte, n=21)

3.2.5 Weitere Merkmale der Stichprobe

Arbeitnehmervertretungen: In 26% der befragten Unternehmen gibt es eine Arbeitnehmervertretung, folglich fehlt bei den übrigen 74% eine vergleichbare Institution.

Hierarchieebene: Die Stichprobe wird von Unternehmen mit flachen Hierarchien dominiert: Rund 38% der Unternehmen verfügen über max. zwei Hierarchieebenen. Lediglich 15% der Befragten geben an, fünf oder mehr Leitungsebenen aufzuweisen.

3.3 Dritte Erhebung: Branchenübergreifende Online-Befragung bei Entscheidern in KMU

3.3.1 Branchenzugehörigkeit – Vorab-Auswahl aussagekräftiger Branchen

Da es ein zentrales Ziel der Gesamtstudie war, Widerstände gegen BGM zu identifizieren, erschien es nicht sinnvoll, jegliche Branchen gleichberechtigt zu untersuchen. Vielmehr wurden – aus den Gesprächen mit Praktikern der Technikerkrankenkasse sowie den Analysen des Autors aus der bestehenden Literatur heraus diejenigen Branchen und Berufsgruppen ausgewählt, die für BGM einen großen BGM-Bedarf zeigen. Gerade diese Branchen sollten aussagekräftige Ergebnisse zu Widerständen liefern. Als Branchen wurden daher vorab ausgewählt:

- Architekturbüros
- Ingenieurbüros
- Beratungsunternehmen
- Apotheken
- Rechtsanwaltskanzleien
- Gartenbauunternehmen
- Bauunternehmen

Deren Anteilsquoten im Sample wurden allerdings nicht a priori bestimmt. Die nachfolgenden Übersichten (vgl. Abb. 9, Tabelle 6) zeigen, wie sich die Stichprobe zusammensetzt. Dominiert wird das Sample von Architektur- (19%) und Ingenieurbüros (16%). Weiterhin sind in der Stichprobe Beratungsunternehmen (15%), Apotheken (12%) und Bauunternehmen (12%) vertreten. Eher etwas unterrepräsentiert sind Gartenbauunternehmen (8%) und natürlich sonstige Unternehmen (7%, Mischbetriebe und Unternehmen, die im Prinzip unter die o. g. Gruppen fallen, aber nicht für diese typisch sind, so z. B. ein Innarchitekturbüro mit einem Teil klassischer Architektur- und Gartenplanung, ein Wirtschaftsprüfer mit Rechtsanwalts- und Notarkanzlei).

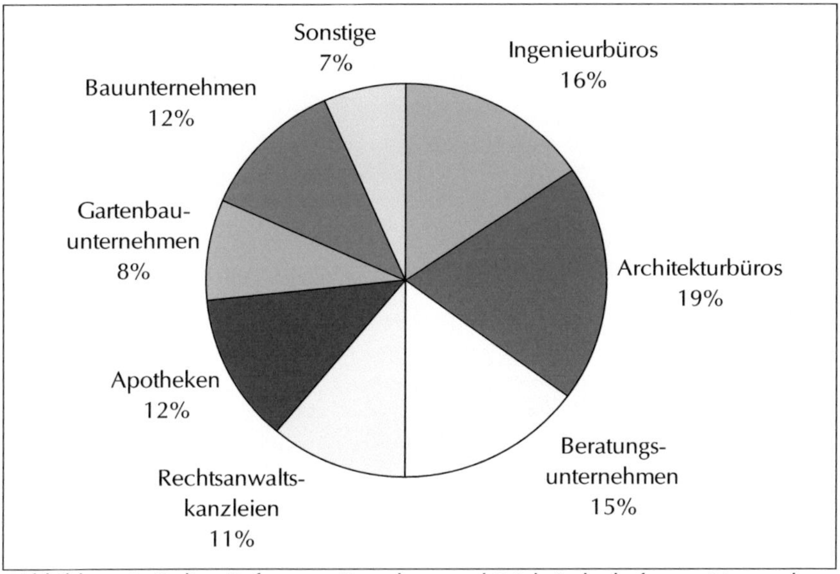

Abbildung 9: Online-Befragung: Branchenzugehörigkeit der befragten Unternehmen (rel. Häufigkeiten, n=417)

Branche	**Architekturbüros**	**Ingenieurbüros**	**Beratungsunternehmen**	**Apotheken**	**Rechtsanwaltskanzleien**
n	**81**	**65**	**63**	**51**	**46**
%	**19%**	**16%**	**15%**	**12%**	**11%**
Branche	**Gartenbauunternehm.**	**Bauunternehmen**	**Sonstige**	**Total**	
n	**35**	**48**	**28**	**417**	
%	**8%**	**12%**	**7%**	**100%**	

Tabelle 6: Online-Befragung: Branchenzugehörigkeit der befragten Unternehmen (abs. und rel. Häufigkeiten, n=417)

Diese Vorabauswahl und damit die Schwerpunktsetzung erschien uns vertretbar, da in der Telefonbefragung keine solche Eingrenzung stattfand und eine zufällige Auswahl erfolgte. So lassen sich auch Vergleich in den Ergebnissen durchführen.

3.3.2 Unternehmensgröße nach Mitarbeitern

Die Stichprobe wird von Kleinstunternehmen – mit bis zu zehn Beschäftigten – dominiert. Rund 44% der Befragten gehören diesem Segment an. Weitere 35% zählen zu den kleinen Unternehmen. Mittlere Unternehmen mit 50 bis 249 Mitarbeitern (15%) und einzelne – per Definition – Großunternehmen (6%) sind vergleichsweise selten in der Stichprobe vertreten (vgl. Abb. 10, Tabelle 7). Durchschnittlich beschäftigen die befragten Unternehmen etwa 35 Mitarbeiter.

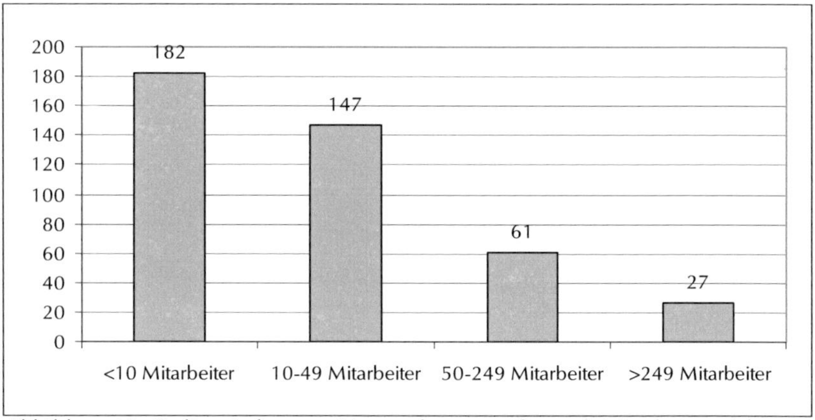

Abbildung 10: Online-Befragung: Unternehmensgröße nach Mitarbeitern (abs. Häufigk., n=417)

Mitarbeiter	<10	10-49	50-249	>249	Total	$\bar{x}$ (ohne Kl.)
n	182	147	61	27	417	35,4
%	44%	35%	15%	6%	100%	

Tabelle 7: Online-Befragung: Unternehmensgröße nach Mitarbeitern (abs. und rel. Häufigkeiten, n=417)

3.3.3 Durchschnittsalter der Mitarbeiter

Das Durchschnittsalter der Mitarbeiter der befragten Unternehmen liegt bei 38,5 Jahren. Die folgenden Darstellungen (vgl. Abb. 11, Tabelle 8) zeigen die Alterstruktur der Mitarbeiter im Überblick. Es sei darauf hingewiesen, dass es sich hier wiederum um grobe Schätzungen der Befragten handelt.

Auch hier gab es Befragte, die für ihr Unternehmen keine seriösen Angaben machen wollten (11 Unternehmen). Im Vergleich der Branchen niedrig war das Durchschnittsalter der Mitarbeiter in Beratungsunternehmen mit ($\bar{x}$ =31,5 Jahre) gering, während es in Apotheken (**x** =42,4 Jahre) signifikant höher lag.

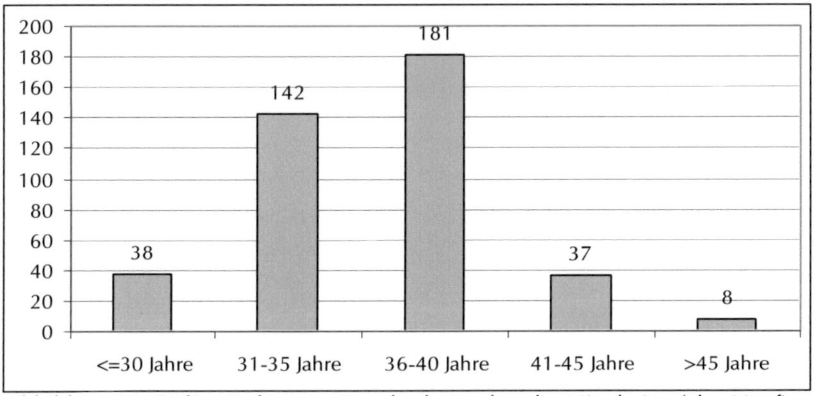

Abbildung 11: Online-Befragung: Durchschnittsalter der Mitarbeiter (abs. Häufigkeiten, n=406)

Durchschnitts-Alter in Jahren	**<31**	**31-35**	**36-40**	**41-45**	**>45**	**Total**	**x** (ohne Kl.)
n	38	142	181	37	8	406	38,5 Jahre
%	9%	35%	45%	9%	2%	100%	

Tabelle 8: Online-Befragung: Durchschnittsalter der Mitarbeiter (abs. und rel. Häufigkeiten, n=406)

3.3.4 Körperliche und psychische Belastungen der Mitarbeiter

Die Befragten wurden nach typischen körperlichen und (auch) psychischen Belastungen ihrer Mitarbeiter befragt. Dazu wurde – im Gegensatz zur Telefonbefragung – eine differenziertere Itembatterie vorgegeben, die mit Ratings auf einer Skala von 1 (geringe Belastung) bis 3 (hohe Belastung) zu versehen war.

Unter den körperlichen und psychischen Belastungen sind im Einzelnen subsumiert worden:

- **Belastung in Form von Stress, u. a. aufgrund hohen Termindrucks:** kontinuierlich hohe Arbeitsbelastung durch enge Terminvorgaben
- **Belastung durch gleichartige Körperhaltung:** langes Sitzes und/oder Stehen, lange gebeugte Körperhaltung, starke Beanspruch bestimmter Gelenke und/oder Muskelgruppen
- **Besondere Belastung durch Arbeit am Computer:** häufige und lang andauernde Arbeit am Computer bzw. an Monitoren, z. B. bei Datenerfassung, Textverarbeitung, Kalkulationen oder Überwachung von Maschinen/Produktionsprozessen
- **Belastung durch Arbeit mit Gefahrenstoffen/Krankheitserregern:** häufiger Kontakt mit gesundheitsgefährdenden Stoffen/Chemikalien, gefährlichen, z. B. auch radioaktiven Stoffen; aber es werden hier auch Krankheits- und Allergieerreger (Viren/Bakterien und Pollen) sowie Belastung durch Rauch subsumiert.
- **Große Lärmbelastung:** große Lärmbelastung z. B. durch Baumaschinen, Verkehr, Mitarbeiter oder Kunden (z. B. in Gastronomiebetrieben)
- **Belastung aufgrund (ganzjähriger) Arbeit im Freien:** hohe körperliche Belastung durch Regen/Nässe, niedrige/hohe Temperaturen, Schmutz und Verunreinigungen.
- **Belastung durch Arbeit mit schweren Gewichten:** hohe körperliche Belastung durch das häufige Heben und Tragen schwerer Gewichte

Alle Items zusammen wurden von allen Befragten durchschnittlich mit 2,04 bewertet. Gleichartige Körperhaltungen und Bewegungsabläufe, Stress durch Termindruck und hohe Lärmpegel während der Arbeit stellen aus Sicht der Befragten die größten Belastungen für die Mitarbeiter dar. Vergleichsweise gering seien die Belastungen durch den Umgang mit Gefahrenstoffen sowie durch schwere Gewichte und Lasten. Abb. 12 zeigt die Belastungen der Mitarbeiter im Überblick.

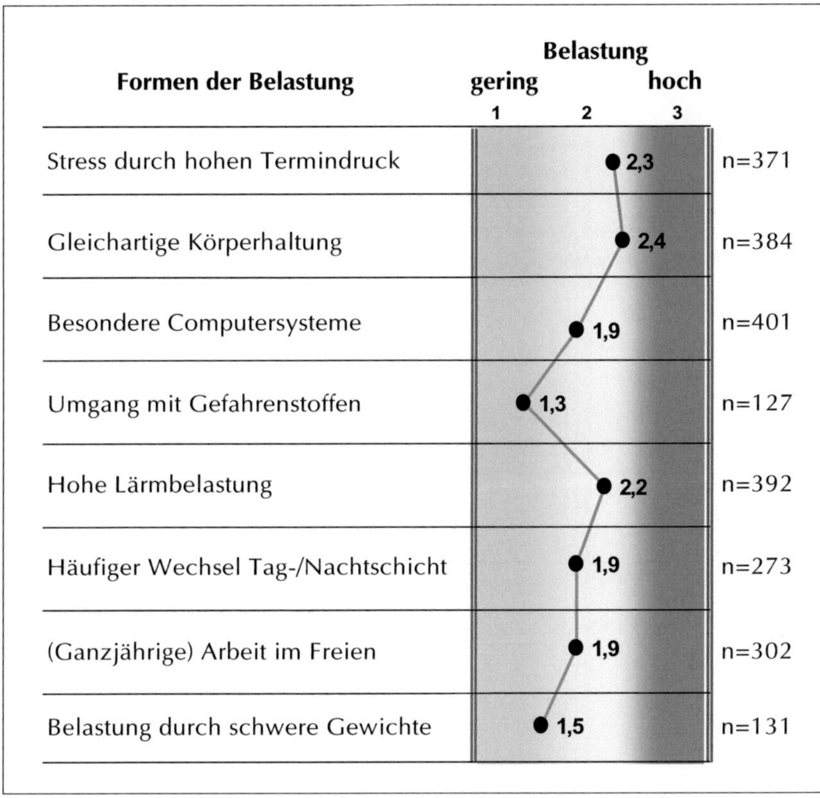

Abbildung 12: Online-Befragung: Körperliche und psychische Belastungen der Mitarbeiter (Mittelwerte zu den jeweiligen Items)

Zwischen den einzelnen Branchen fallen die Bewertungen jedoch unterschiedlich aus. So sind die Mitarbeiter in Bau- bzw. Gartenbauunternehmen ($\bar{x}$ =2,4 bzw. $\bar{x}$ =2,3) generell deutlich höheren Belastungen ausgesetzt als die Beschäftigten in Architekturbüros und Apotheken ($\bar{x}$ =1,6 bzw. $\bar{x}$ =1,7). Offensichtlich ist auch, dass die Mitarbeiter von Bau- und Gartenbauunternehmen signifikant höher der Belastung durch Arbeit mit schweren Gewichten und (ganzjährige) Arbeit im Freien ausgesetzt sind als z. B. die Mitarbeiter in Apotheken, Beratungshäusern und bei Rechtsanwälten.

Demgegenüber sind z. B. bei Mitarbeitern in Beratungsunternehmen die psychischen Belastungen durch Stress und hohen Termindruck deutlich höher als in den übrigen Branchen. Tabelle 9 zeigt signifikante Abweichungen zwischen den einzelnen Branchen im Überblick. Die Ergebnisse mögen auch nicht anders als so erwartet sein, bestätigen sie aber die Verlässlichkeit der Antworten der Befragten.

Branche	**Signifikant niedrigere Belastung ggü. den anderen Branchen, da ...** ↙	**Signifikant höhere Belastung ggü. den anderen Branchen durch...** ↗
Apotheken	▪ geringer Stress/Termindruck	▪ Kontakt zu erkrankten Personen (z. B. Virenbelastung) ▪ langes Stehen am Tresen ▪ Wechsel Tag-/Nachtschicht
Architekten/ Ingenieure		▪ Stress durch hohen Termindruck ▪ ständige Arbeit am Computer ▪ (Ganzjährige) Arbeit im Freien
Bauunternehmen	▪ kaum Arbeit am Computer	▪ ständige Arbeit im Freien ▪ Belastung durch Tragen schwerer Gewichte ▪ Umgang mit Gefahrenstoffen ▪ Hohe Lärmbelastung
Beratungsunternehmen	▪ keine Arbeit im Freien ▪ keine körperlich Belastung (Gewichte)	▪ Arbeit am Computer, gleichartige Körperhaltung ▪ hoher Stress/Termindruck
Gartenbauunternehmen	▪ geringer Termindruck/Stress	▪ Arbeit im Freien ▪ Belastung durch Tragen schwerer Gewichte ▪ auch durch Umgang mit Gefahrenstoffen
Rechtsanwälte	▪ geringerer Stress/Termindruck ▪ fehlende körperliche Belastung (Gewichte)	▪ Gleichartige Körperhaltung, am Schreibtisch, am Computer

Tabelle 9: Signifikante Unterschiede bei der Belastung in den Branchen im Vergleich

3.3.5 Weitere Merkmale der Stichprobe

Arbeitnehmervertretungen: In 19% der befragten Unternehmen gibt es eine Arbeitnehmervertretung, also fehlt bei den übrigen 81% eine vergleichbare Institution.

Hierarchieebene: Die Stichprobe wird von Unternehmen mit flachen Hierarchien dominiert: Etwa 44% der Unternehmen verfügten über max. zwei Hierarchieebenen. Lediglich 18% der Befragten geben an, fünf oder mehr Leitungsebenen aufzuweisen.

Position der Befragten: Es wurden ebenso wie in der Telefonbefragung diejenigen im Unternehmen befragt, die sich für das Thema BGM zuständig und entscheidungsbefugt ausgaben. 98% der Befragten gaben an, Geschäftsführer oder Mitglied der Geschäftsführung zu sein. 8 Befragte waren Personalleiter gleicher Rolle im Unternehmen.

3.4 Telefonbefragung und Online-Befragung im Vergleich

Tabelle 10 lässt den Vergleich der Samples aus der Telefon- und Online-Befragung zu. Dabei wird deutlich, dass bei der Telefonbefragung tendenziell größere Unternehmen befragt wurden als bei der Online-Befragung. Dementsprechend höher fällt bei der Telefonbefragung sowohl die durchschnittliche Anzahl der Mitarbeiter als auch der Prozentsatz der Unternehmen mit Arbeitnehmervertretung aus. Beide Samples werden von Dienstleistungsunternehmen dominiert und zeichnen sich durch flache Hierarchien aus. Das Durchschnittsalter der Mitarbeiter ist nahezu gleich.

	Telefonbefragung	**Online-Befragung**
Sektor/Branche	1. Dienstleistung (35%) 2. Handel (20%) 3. Handwerk (20%)	1. Architekturbüros (19%) 2. Ingenieurbüros (16%) 3. Beratungsunternehmen (15%)
Anzahl der Mitarbeiter	∅ 110 Mitarbeiter	∅ 35 Mitarbeiter
Alter der Mitarbeiter	∅ 37,7 Jahre	∅ 38,5 Jahre
Körperliche Belastung der Mitarbeiter	Körperliche Belastung der Mitarbeiter... ...mit Bürotätigkeiten gering, ...in der Produktion hoch	Körperliche Belastung der Mitarbeiter... ...in Apotheken/ Architekturbüros tendenziell gering, ...in Bau-/Gartenunternehmen tendenziell hoch
Psychische Belastung der Mitarbeiter	Psychische Belastung der Mitarbeiter... ...mit Bürotätigkeiten hoch, ...in der Produktion gering	Psychische Belastung der Mitarbeiter... ...in Beratungsunternehmen und bei Architekten/Ingenieuren tendenziell hoch, ...in Apotheken, Gartenbauunternehmen und bei Rechtsanwälten tendenziell gering
Arbeitnehner-Vertretung	in 26% der Unternehmen	in 19% der Unternehmen
Hierarchieebenen	max. zwei Ebenen (38%)	max. zwei Ebenen (44%)

Tabelle 10: Telefonbefragung und schriftliche Befragung: Stichprobencharakteristika im Vergleich

4 Gesundheitsfördernde Maßnahmen in KMU

4.1 Welche Maßnahmen werden durchgeführt, welche nicht?

4.1.1 Ergebnisse der Telefonbefragung

Es zeigt sich hier, dass in nahezu allen befragten Unternehmen gesundheitsfördernde Maßnahmen umgesetzt werden – wenn auch mit unterschiedlicher Intensität und in unterschiedlichem Umfang. Dabei werden insbesondere diejenigen Maßnahmen favorisiert, die gemeinhin als kostengünstig gelten und die Zeit der Mitarbeiter nur begrenzt in Anspruch nehmen. Dazu zählen bspw. Maßnahmen zur Verbesserung der Arbeitsplatzergonomie (z. B. Optimierung der Schreibtischhöhe) oder – überwiegend – einfache Maßnahmen zur Verbesserung der Arbeitssicherheit (z. B. durch entsprechende Schutzkleidung). Demgegenüber werden Maßnahmen, die darauf abzielen, das gesundheitsfördernde Verhalten der Mitarbeiter nachhaltig zu fördern, nur selten durchgeführt (z. B. spezielle Kurse und Informationsveranstaltungen zum Gesundheitsverhalten).

Umsetzung von BGM - Maßnahmen

Abbildung 13 zeigt die Planung und Umsetzung einzelner Maßnahmen bzw. Maßnahmengruppen im Überblick. Die genannten Maßnahmen der Unternehmen stehen hier stellvertretend für eine Vielzahl möglicher gesundheitsfördernder Maßnahmen in den Betrieben. Unter den genannten Gruppen wurden folgende Einzelmaßnahmen subsumiert:

- **Informationsveranstaltungen zum Gesundheitsverhalten:** u. a. Informationsveranstaltungen der Geschäftsführung, Expertenvorträge im Unternehmen, Gesundheitstage.
- **Kursangebote zum Gesundheitsverhalten:** u. a. Sportkurse, Kurse zur Suchtprävention (Tabak, Drogen, Alkohol), Erste-Hilfe-Kurse.
- **Maßnahmen zur Organisationsentwicklung:** u. a. Einrichtung von Qualitäts- und/oder Gesundheitszirkeln.
- **Maßnahmen zur Personalentwicklung:** u. a. Seminare/Workshops zu Führungsfragen und Führungsstilen (für leitende Mitarbeiter), Kurse zur Förderung der Zusammenarbeit im Team aber auch Maßnahmen zur Vermeidung von Mobbing.

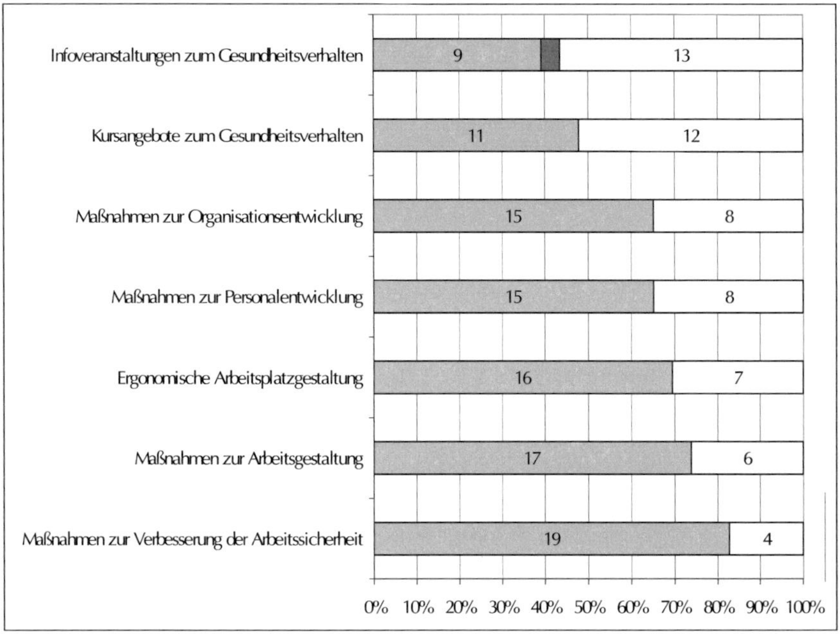

Abbildung 13: Telefonbefragung: Planung und Umsetzung einzelner Maßnahmen (abs. und rel. Häufigkeiten, n=23) (grau= bereits umgesetzt, schwarz = in Planung, hell = nicht umgesetzt)

- **Ergonomische Arbeitsplatzgestaltung:** u. a. Optimierung der Arbeitsplatzergonomie (z. B. PC, Monitor, Stuhl, Schreibtischhöhe, Lichteinfall, Raumfarben, Geräuschpegel).
- **Maßnahmen zur Arbeitsgestaltung:** u. a. flexible Arbeitszeitmodelle (Teilzeit, Gleitzeit, Arbeitszeitkonten), Einführung von Teamarbeit.
- **Maßnahmen zur Verbesserung der Arbeitssicherheit:** u. a. persönliche Schutzausrüstungen für Mitarbeiter (vom Betrieb gestellt), seltener: Einsatz modernerer Maschinen.

Einfluss des Geschäftsführers auf die Umsetzung gesundheitsfördernder Maßnahmen

Es wurde untersucht, ob die persönliche Lebensweise des Geschäftsführers, dessen Alter und Bildungsabschluss Einfluss auf die Intensität und den Umfang gesundheitsfördernder Maßnahmen im Betrieb haben (vgl. Abb. 14).

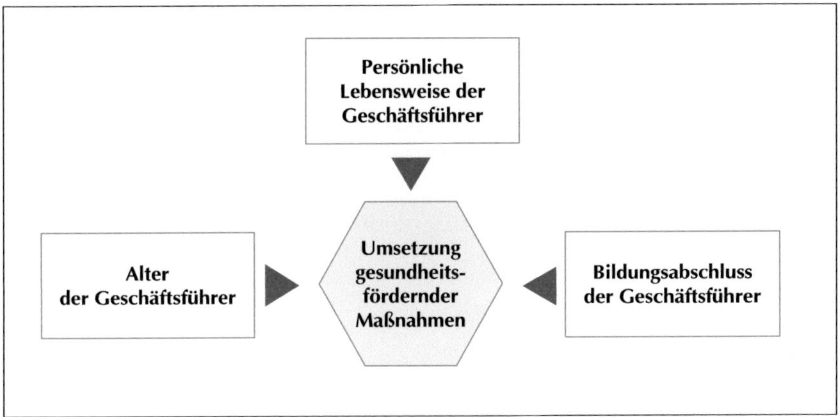

Abbildung 14: Einfluss des Geschäftsführers auf Umsetzung gesundheitsfördernder Maßnahmen

- **Einfluss der persönlichen Lebensweise des Geschäftsführers auf die Umsetzung gesundheitsfördernder Maßnahmen im Betrieb**
  - Zwar muss nicht jeder Geschäftsführer eines Unternehmens mit funktionierendem Gesundheitsmanagement Marathonläufer sein, doch zeigen die Ergebnisse deutlich, dass die Umsetzung gesundheitsfördernder Maßnahmen von der persönlichen Lebensweise des Geschäftsführers abhängt.
  - So haben bspw. die Raucher unter den Geschäftsführern rund 25% weniger gesundheitsfördernde (Einzel-)Maßnahmen umgesetzt als ihre Nichtraucherkollegen. Ebenso konnte festgestellt werden, dass diejenigen Geschäftsführer und Führungskräfte, die sich in den Telefongesprächen als „aktiv" oder „gesundheitsbewusst" bezeichneten, tendenziell häufiger in Seminar- und Kursangebote für ihre Mitarbeiter investiert haben.
- **Einfluss des Alters des Geschäftsführers auf die Umsetzung gesundheitsfördernder Maßnahmen im Betrieb**
  - Jüngere Geschäftsführer (≤ 40 Jahre) haben die Notwendigkeit betrieblicher Gesundheitsförderung tendenziell stärker erkannt und betreiben diese sowohl intensiver als auch regelmäßiger als ihre älteren Kollegen (> 40 Jahre).

  - So wurden Maßnahmen zur Organisations- und Personalentwicklung von jüngeren Geschäftsführern durchschnittlich rund dreimal häufiger umgesetzt als bei älteren Geschäftsführern.
- **Einfluss des Bildungsabschlusses des Geschäftsführers auf die Umsetzung gesundheitsfördernder Maßnahmen im Betrieb**
  - Je weniger technisch die Ausbildung des Geschäftsführers ist, desto eher treibt er die betriebliche Gesundheitsförderung aktiv voran.

4.1.2 Ergebnisse der Online-Befragung

Umsetzung von BGM - Maßnahmen

Mit Ausnahme der Verteilung von Broschüren und Flyern zu ausgewählten Gesundheitsthemen werden die abgefragten Maßnahmen zur betrieblichen Gesundheitsförderung nur gelegentlich, häufig jedoch nie durchgeführt (vgl. Abb. 15, dort: Mittelwerte zu den Items in einem 3er-Rating). Die den Unternehmen vorgegebenen Aktivitäten stehen auch hier stellvertretend für eine Vielzahl möglicher gesundheitsfördernder Maßnahmen in den Betrieben. Da nicht sämtliche infrage kommenden Maßnahmen in der Studie abgefragt werden konnten, wurden hier u. a. folgende Gruppen gebildet:

- **Sportkurse**: u. a. Lauftraining, Badminton-, Tischtennis-, Handball-, Nordic – Walking – Kurse; jeweils unter Anleitung von qualifizierten Trainern.
- **Kurse zur Suchtprävention:** u. a. Kurse zur Prävention von Tabak-, Alkohol- und Drogen-Missbrauch bzw. -abhängigkeit.
- **Kurse zur gesunden Ernährung:** u. a. Kurse zum vitaminreichen und fettarmen Essen, Diätkurse/-programme.
- **Verbesserung der Arbeitsergonomie:** u. a. Optimierung der Sitzhaltung am PC durch mitarbeiterindividuelle Einstellung von Monitoren, Stühlen, Tischhöhen.
- **Verbesserung des Arbeitsumfelds:** u. a. Gestaltung von Räumen (Raumfarben, Pflanzen), Senkung des Geräuschpegels, Verkürzung von Laufwegen, Optimierung von Lichteinfall/Beleuchtung am Arbeitsplatz.
- **Firmeninterne Sportturniere:** u. a. Ausrichtung von Fußball-, Tischtennis- und Volleyball-Turnieren, „Spiele ohne Grenzen".

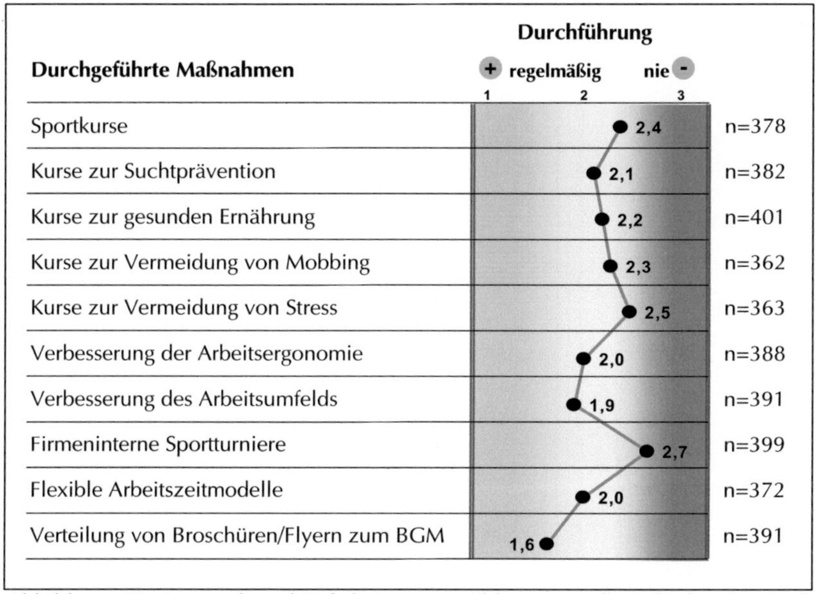

Abbildung 15: Anwendungshäufigkeit ausgewählter gesundheitsfördernder Maßnahmen

- **Flexible Arbeitszeitmodelle:** u. a. Teilzeit- und Gleitzeit-Regelungen, Einrichtung von Arbeitszeitkonten.
- **Verteilung von Broschüren/Flyern:** u. a. mit Hinweisen zum gesundheitsbewussten Verhalten im Alltag bzw. im Büro; Ankündigung von Veranstaltungen wie Seminare, Workshops, Sportkurse etc.

Branchenspezifische Ergebnisse

Zwischen den einzelnen Branchen sind signifikante Unterschiede zu erkennen. Tabelle 11 zeigt diese im Überblick.

Unternehmensgrößenspezifische Ergebnisse

- Gesundheitsfördernde Maßnahmen in Kleinstunternehmen (<10 Mitarbeiter) werden seltener durchgeführt als in kleinen und mittleren Unternehmen. Knapp 20 Prozent der Kleinstunternehmen gaben an, keine der abgefragten Maßnahmen umzusetzen.

- Weiterhin konnte festgestellt werden, dass die Anzahl umgesetzter Maßnahmen mit zunehmender Unternehmensgröße (nach Mitarbeitern) steigt.

Branche	**Signifikant seltener ↙ durchgeführte Maßnahmen**	**Signifikant häufiger ↗ durchgeführte Maßnahmen**
Apotheken	▪ Kurse zur Vermeidung von Stress und Mobbing	▪ Kurse zur gesunden Ernährung
Architekten/ Ingenieure	▪ keine	▪ Sportkurse ▪ Flexible Arbeitszeitmodelle ▪ Kurse zur Vermeidung von Stress
Bauunternehmen	▪ Flexible Arbeitszeitmodelle ▪ Kurse zur Vermeidung von Stress ▪ Kurse zur gesunden Ernährung	▪ Kurse zur Suchtprävention
Beratungsunternehmen	▪ Kurse zur Vermeidung von Stress	▪ Sportkurse ▪ Flexible Arbeitszeitmodelle ▪ Kurse zur Vermeidung von Mobbing
Gartenbauunternehmen	▪ Flexible Arbeitszeitmodelle	▪ Kurse zur Vermeidung von Stress
Rechtsanwälte	▪ Flexible Arbeitszeitmodelle	▪ Kurse zur Vermeidung von Stress

Tabelle 11: Branchenspezifische Unterschiede bei der Durchführung von Maßnahmen

4.2 Welche Maßnahmen kommen bei KMU gut /weniger gut an?

Nach Einschätzung der Experten gibt es bestimmte Maßnahmen bzw. Maßnahmengruppen, die bei KMU besonders gut bzw. weniger gut ankommen:

- Die Mehrheit der befragten Experten berichtet, dass Einzelaktionen besser ankämen als kontinuierliche Konzepte. Dies ist insofern problematisch, da BGM als ein langfristiges Gesamtkonzept verstanden werden sollte, das sich nicht auf Einzelaktionen beschränkt.
- Erwartungsgemäß werden auch diejenigen Maßnahmen bevorzugt eingesetzt, die nicht viel kosten und den Mitarbeitern nicht die Zeit stehlen (z. B. Erste-Hilfe-Kurse, Verbesserung der Arbeitsergonomie (PC, Stuhl, Schreibtischhöhe, Lichteinfall, Geräuschpegel)). Diese Ergebnisse konnten durch die Telefon- und Onlinebefragung bestätigt werden.
- Dies betrifft ebenso Maßnahmen mit direktem Anwendungsbezug, z. B. Rückenschule mit konkreten Tipps am Arbeitsplatz.
- Auch Maßnahmen mit „Event-Charakter" werden gut angenommen; ein Teil der Befragten berichtet von einmaligen „Gesundheitstagen" und Inhouse-Massageterminen sowie Rückenschul-Kursen, ja sogar Blutentnahmen und Cholesterinmessungen.

4.3 Drei Befragungen im Vergleich: Unterschiede / Gemeinsamkeiten

Tabelle 12 zeigt die Unterschiede und Gemeinsamkeiten aus Experten-, Telefon- und Online-Befragung im Überblick. Dabei fällt auf, dass die Umsetzung gesundheitsfördernder Maßnahmen in den drei Erhebungen unterschiedlich ausfällt.

	Experten-befragung	**Telefon-befragung**	**Online-Befragung**
Informationsveranstaltungen/ -material	O	×	✓
Kursangebote zum Gesundheitsverhalten	O	×	×
Maßnahmen zur Organisationsentwicklung	×	✓	nicht abgefragt
Maßnahmen zur Personalentwickl.	×	✓	nicht abgefragt
Verbesserung Arbeitsergonomie/ -sumfeld	✓	✓	O
Verbesserung Arbeitsgestaltung	O	✓	O

✓: wird in den Unternehmen regelmäßig/umfangreich umgesetzt
O: wird in den Unternehmen gelegentlich/begrenzt umgesetzt
×: wird in den Unternehmen nicht/nur ansatzweise umgesetzt

Tabelle 12: Gesundheitsfördernde Maßnahmen im Vergleich: Unterschiede / Gemeinsamkeiten zwischen Experten-, Telefon- und Online-Befragung

So zeigt sich, dass die per Telefon befragten Unternehmen in Umfang und Häufigkeit intensiver in gesundheitsfördernde Maßnahmen investiert haben als diejenigen Unternehmen, die an der Online-Befragung teilgenommen haben. Ein Grund hierfür kann in der Struktur der beiden Stichproben gefunden werden. So wird die Telefonbefragung von mittleren Unternehmen (50-249 Mitarbeiter) dominiert, während sich in der Online-Befragung überwiegend Kleinstunternehmen und kleine Unternehmen finden (vgl. hierzu auch Kap. 3.4).

Die Erklärung: Bisherige Projekte zur Förderung und Etablierung gesundheitsfördernder Maßnahmen und Konzepte wurden i. d. R. auf die Belange von Großunternehmen – allenfalls mittleren Unternehmen – zugeschnitten.

Darüber hinaus mangelt es gerade in den kleinsten Unternehmen am Verständnis, „Betriebliches Gesundheitsmanagement" als Bestandteil einer erfolgreichen Unternehmensstrategie zu verstehen. Welche Widerstände es in KMU gibt und welche Ursachen sich dahinter verbergen können, wird in Kapitel 5 beantwortet.

4.4 Zusammenfassung

Fasst man die Ergebnisse der Telefon- und Online-Befragung sowie die Einschätzungen der Experten zusammen, lassen sich folgende zentrale Aussagen festhalten:

- **Tendenz zu kostengünstigen und zeitsparenden Maßnahmen:** Es werden diejenigen Maßnahmen bevorzugt eingesetzt, die sowohl kostengünstig als auch zeitsparend sind. Hierzu zählen bspw. Maßnahmen zur Verbesserung der Arbeitsergonomie oder das Verteilen von Flyern und Informationsschriften. Letzteres wird überdurchschnittlich häufig in kleinen Unternehmen getan. Fehlen gleichzeitig bspw. nachhaltig angelegte Kurs- und Seminarangebote, kann allerdings bei derartigen Aktionen der negative Eindruck von „Alibi-Maßnahmen" entstehen.
- **Erfüllung von gesetzlichen Vorschriften treibt zu Maßnahmen an:** Darüber hinaus werden auch diejenigen Maßnahmen primär ergriffen, zu denen der Arbeitgeber verpflichtet ist, so z. B. aus dem Arbeitsschutz.
- **Gesundheitsbewusstes Verhalten der Mitarbeiter wird kaum gefördert:** Maßnahmen, die darauf abzielen, ein gesundheitsbewusstes Verhalten der Mitarbeiter zu fördern, werden vernachlässigt. Kurse zur gesunden Ernährung, zur Vermeidung von Stress oder zur Suchtprävention sind die Ausnahme. Entsprechende Angebote fehlen vor allem in Unternehmen der Baubranche.
- **Gesundheitsmanagement geht an Kleinstbetrieben vorbei:** Kleinstunternehmen investieren äußerst begrenzt in die Gesundheit ihrer Mitarbeiter. Mit zunehmender Unternehmensgröße steigt auch das Angebot gesundheitsfördernder Maßnahmen.
- **Kein ganzheitliches Konzept erkennbar:** KMU tendieren zu Einzelmaßnahmen. Kontinuierliche, ganzheitlich ausgerichtete Konzepte zur Gesundheitsförderung sind die Ausnahme.
- **Lebensweise des Geschäftsführers entscheidend:** Aktive, gesundheitsbewusste und nicht-rauchende Geschäftsführer setzen häufiger gesundheitsfördernde Maßnahmen in ihren Betrieben um. Weniger gute Vorbilder investierten auch weniger in die Gesundheit ihrer Mitarbeiter.
- **Vernachlässigung von Maßnahmen zur Reduzierung psychischer Belastungen:** Es fehlen Angebote, die an den psychischen Belastungen der Mitarbeiter ansetzen. Kurse zum Abbau von Stress oder Kurse zur Vermeidung von Mobbing etc. werden in den Unternehmen nur sehr selten angeboten.

5 Gründe für und gegen ein „Betriebliches Gesundheitsmanagement“ in KMU

5.1 Welche Gründe sprechen aus Sicht der KMU für ein BGM?

5.1.1 Ergebnisse der Telefonbefragung

Die Frage nach den Gründen, die aus Sicht der KMU für die Einführung und Durchführung gesundheitsfördernder Maßnahmen sprechen und dagegen (siehe später Widerstände), wurde den BGM-Entscheidern bei der Telefonbefragung offen und direkt gestellt. Entsprechend offen und glaubwürdig waren auch die Antworten, also freie Benennungen zu Gründen. Aus den freien Nennungen wurden zusammenfassend Gruppen von Gründen gebildet. Die Ergebnisse (vgl. Abb. 16) dienten gleichzeitig als Vorgaben für die Online-Befragung.

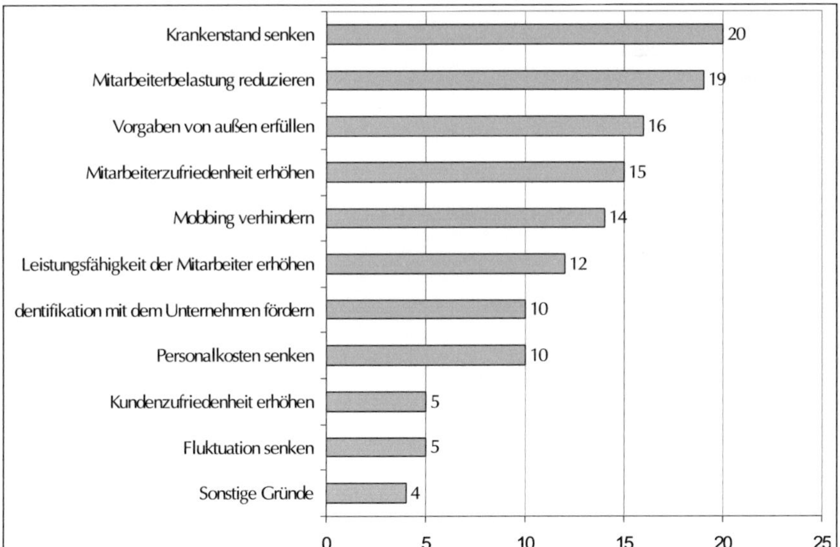

Abbildung 16: Telefonbefragung: Gründe für ein BGM in KMU (Mehrfachnennungen möglich)

Fazit: Zu den wichtigsten Gründen zählen aus Sicht der KMU die Senkung des Krankenstands bzw. die Reduzierung von Fehlzeiten. Etwa gleichbedeutend ist die Reduzierung der Arbeitsbelastung für die Mitarbeiter. Weniger wichtig sind Gründe wie die Erhöhung der Kundenzufriedenheit oder die Senkung der Mitarbeiterfluktuation.

5.1.2 Ergebnisse der Online-Befragung

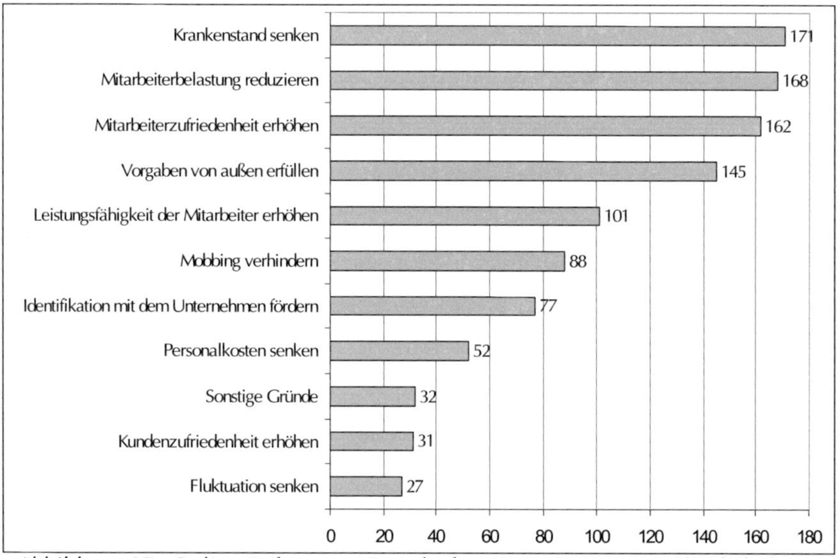

Abbildung 17: Online-Befragung: Gründe für ein BGM in KMU (Mehrfachnennungen möglich)

Die Ergebnisse hier bestätigen die vorherigen aus der Telefonbefragung. Lediglich 32 Nennungen von den insgesamt knapp 1000 Nennungen durch die Befragten in der Online-Befragung konnten nicht in die (bei der Telefonbefragung) zuvor gebildeten Gruppen von Gründen für ein BGM eingeordnet werden. Dazu zählen als einzig erwähnenswerte zusätzliche Gründe:

- die Verbesserung des Betriebsklimas und
- die Vermeidung von Unfällen.

Auch bestätigen die Ergebnisse der Onlinebefragung die in der Telefonbefragung ermittelte Bedeutung bzw. Wichtigkeit der einzelnen Gründe. Die Senkung des Krankenstandes und die Reduzierung der Mitarbeiterbelastung sind auch hier die wichtigsten Gründe für die Durchführung betrieblicher Gesundheitsförderung.

Es fällt auf, dass die Befragten in beiden Untersuchungen insgesamt nur wenige Gründe benannten. 23% der Befragten (nur Online-Befragung) konnten sogar keinerlei Gründe nennen, die für ein BGM sprechen, und der häufigste Grund für die Durchführung gesundheitsfördernder Maßnahmen wurde von nur 41% der Befragten genannt (nur Online-Befragung).

Branchenspezifische Ergebnisse

Folgende Ergebnisse waren weiter signifikant:

- Das Ziel, den Krankenstand nachhaltig zu senken, war vor allem ein zentrales Ziel in den Unternehmen der Bau-/-nebenbranche (sowohl Bau- als auch Gartenbauunternehmen). Deutlich weniger Bedeutung besaß dieses Ziel bei Unternehmensberatern und Rechtsanwälten. Diese Ergebnisse erscheinen insofern plausibel, da der Krankenstand im Baugewerbe in den letzten Jahren durchschnittlich rund 15 Prozent über dem in Dienstleistungsunternehmen lag und die Baubranche – neben den öffentlichen Verwaltungen – die höchsten Mitarbeiterfehlzeiten zu beklagen hat.
- Die Verhinderung von Mobbing zwischen den Mitarbeitern ist in den befragten Beratungsunternehmen und in Apotheken deutlich häufiger ein Grund für Maßnahmen als in Architektur- und Ingenieurbüros oder auf dem Bau. Dieses Ergebnis lässt sich in sofern interpretieren, als dass die nervliche und geistige Anspannung in Beratungsunternehmen besonders hoch ist und zu einem kalten, neidischen – gemeinhin als Ellenbogenmentalität bekannten – Konkurrenzverhalten unter den Mitarbeitern führt.

Unternehmensgrößenspezifische Ergebnisse

Folgende Ergebnisse waren weiter signifikant:

- Je größer die Unternehmen sind, desto häufiger ist es ihr Ziel, Mobbing zu verhindern, die Identifikation mit dem Unternehmen zu fördern und den Krankenstand zu senken. Anders herum lässt sich erkennen: Je kleiner die Unternehmen sind, desto weniger Bedeutung hat die Minderung der Mitarbeiterfluktuation.

- In den Kleinstbetrieben ist die Unkenntnis von den Vorteilen gesundheitsfördernder Maßnahmen besonders groß: Rund 31% der Befragten (nur Online-Befragung) konnten keinerlei Gründe nennen, weshalb es sich lohnen könnte, in die Gesundheit der Mitarbeiter zu investieren.

5.2 Welche Widerstände gibt es aus Expertensicht?

5.2.1 Generelle Widerstände

Bevor auf die Widerstände einzelner Zielgruppen (Geschäftsführung, BGM-Beauftragte, Mitarbeiter im operativen Geschäft, Arbeitnehmervertreter, Familien der Mitarbeiter) und Branchen im Detail eingegangen wird, sollen hier zunächst generelle Widerstände der KMU gegen ein „Betriebliches Gesundheitsmanagement" zusammengetragen werden (primär Ergebnis aus der Expertenbefragung):

- Die Befragten aus dem Expertenkreis berichteten weitgehend übereinstimmend, dass in KMU grundsätzlich ein Informationsdefizit bestehe: Die Vorstellungen darüber, was BGM bedeute, seien äußerst vage. Konkrete Maßnahmen seien vielfach unbekannt.
- Gleichzeitig werden auch die Vorteile des BGM häufig übersehen. Der wirtschaftliche Nutzen sei für die Betriebe – insbesondere im Vorfeld – nur schwer abschätzbar.
- Diesem für viele KMU – zumindest kurzfristig – nicht greifbarem Nutzen stünden jedoch konkrete Kosten gegenüber, die von den meisten Befragten als ein zentraler Grund gegen das BGM genannt werden.
- Viele Unternehmer seien zudem nicht hinreichend aufgeklärt, dass sich der Nutzen erst mittel- bis langfristig zeigt, gleichwohl aber anhand „harter Kennzahlen" gemessen werden kann.
- Diese mangelnde Sensibilisierung werde dadurch begünstigt, dass in KMU häufig eine Philosophie fehle, den „Mitarbeiter als wichtigstes Gut im Unternehmen" zu begreifen. Die Gesundheit und Leistungsfähigkeit der Mitarbeiter stelle für die meisten Unternehmen nach wie vor keinen unternehmerischen „Wert" dar, in den es sich zu investieren lohnt – zumindest im Zusammenhang mit BGM.
- Die bislang genannten Widerstände gegen ein BGM sind auf den einzelnen Unternehmensebenen und im Umfeld des Unternehmens unterschiedlich ausgeprägt bzw. werden unterschiedlich begründet. Die Antworten der Experten zeigen, dass zwischen folgenden Gruppen zu unterscheiden ist (vgl. Abb. 18).

Aus den Expertengesprächen konnten entlang dieser Gliederung die folgenden Widerstände herausgearbeitet werden:

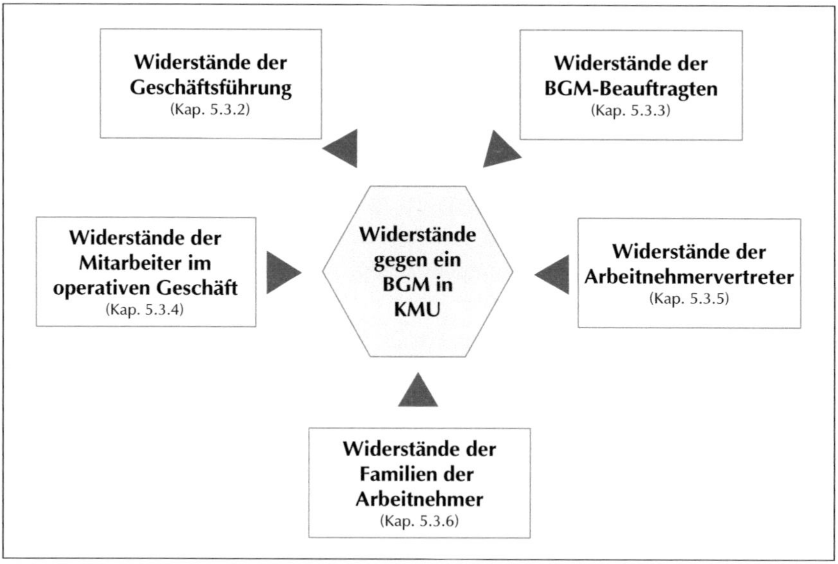

Abbildung 18: Widerstände einzelner Gruppen aus Sicht der Experten

5.2.2 Widerstände der Geschäftsführung

Folgende Widerstände erkannten die Experten in den Reihen der Geschäftsführung kleiner und mittlerer Unternehmen:

- zu hohe Kosten für ein (umfassendes) BGM; kleinere Maßnahmen seien ausreichend
- Vorrang des Tagesgeschäfts; Vermeidung zusätzlicher Arbeit
- Krankenstand ohnehin gering; Zufriedenheit der Mitarbeiter auch bisher schon hoch
- kein Interesse seitens der Mitarbeiter
- Vorschläge externer Berater zu theoretisch und praxisfern; vorgeschlagene Maßnahmen im Betrieb nicht umsetzbar
- notwendiges zyklisches Einführen vs. bisherigem Denken in linearen Prozessen
- Missbrauch gut gemeinter Maßnahmen durch die Mitarbeiter (z. B. „Zweckentfremdung" von Geld, das für den Besuch eines Sportstudios gedacht ist)

5.2.3 Widerstände der BGM-Beauftragten

Widerstände wurden von den Experten auch bei denjenigen beobachtet, die sich im Unternehmen für die Umsetzung gesundheitsfördernder Maßnahmen engagieren sollen:

- BGM Beauftragte sind oftmals „unfreiwillig" mit dieser Aufgabe bedacht worden; haben keine Lust bzw. nur begrenzt Zeit
- Angst vor Überforderung durch Doppelbelastung
- freiwillig Beauftragte in Einzelfällen übermotiviert, dadurch Akzeptanzprobleme und fehlende Unterstützung; Frustration als Folge

5.2.4 Widerstände der Mitarbeiter im operativen Geschäft

Zu den größten Widerständen der Mitarbeiter im operativen Geschäft zählen lt. Experten:

- Trägheit, Unwille, fehlende Einsicht in den Sinn einzelner Maßnahmen
- Ablehnung von Maßnahmen, da sie als Bevormundung und Eingriff in die Privatsphäre verstanden werden; strikte Trennung zwischen Arbeitstag und Feierabend
- Angst, als ungesund zu gelten bzw. „geächtet" zu werden oder z. B. nicht mehr rauchen zu dürfen
- Angst, bei sportlichen Aktivitäten nicht mithalten zu können, ggf. informale Position zu verlieren und vor neuen Bewertungsmaßstäben
- in Einzelfällen auch peinlich berührt, z. B. wegen Übergewicht

5.2.5 Widerstände der Arbeitnehmervertreter

Auch Personal- und Betriebsräte zeigen Widerstand gegen ein BGM. Aus Sicht der Experten sind hier zu nennen:

- Auffassung von BGM-Maßnahmen als Eingriff in die Persönlichkeit der Mitarbeiter
- Angst vor „Nachschnüffeln" der Geschäftsführung/Unternehmensleitung
- mangelnde Beteiligung der Geschäftsführung an den Maßnahmen
- Angst vor neuen Leistungsmaßstäben

5.2.6 Widerstände der Familien der Arbeitnehmer

Auch im familiären Umfeld der Mitarbeiter konnten Widerstände erkannt werden. Dazu zählen insbesondere:

- Widerstand, dass der Partner noch mehr Zeit im Unternehmen bzw. mit Kollegen verbringt als bislang
- Familienangehörige würden gerne an Sportkursen u. ä. teilnehmen, dürfen aber nicht

5.2.7 Branchenspezifische Unterschiede

Weiterhin konnten aus den Aussagen der Experten diverse branchenspezifische Unterschiede erkannt werden. So konnten Branchen identifiziert werden, in denen die Umsetzung gesundheitsfördernder Maßnahmen tendenziell schwieriger bzw. leichter gelingt (Anmerkung: Es sei an dieser Stelle nochmals darauf hingewiesen, dass die Aussagen der Experten ohne Kenntnis der für die Online-Befragung gewählten Branchen erfolgte.)

- Die Befragten ließen erkennen, dass nicht allein die Branche über Erfolg / Misserfolg entscheide. Die Akzeptanz des BGM werde u. a. auch von der Unternehmenskultur, der Position des Unternehmens im Lebenszyklus, dem Standort, der Mitarbeiterstruktur, der Einstellung/Persönlichkeit der Unternehmensführung und der Unternehmensgröße bestimmt. Je kleiner das Unternehmen, desto leichter lassen sich – zumindest formal – gesundheitsfördernde Maßnahmen umsetzen.
- Die meisten Befragten erkannten deutliche branchenspezifische Unterschiede bei der erfolgreichen Umsetzung und Etablierung eines umfassenden BGM.
  - Branchen mit tendenziell schwierigerer Umsetzung/Etablierung
    - Die Widerstände gegen ein BGM seien tendenziell in denjenigen Branchen größer, in denen nicht der Mensch als Dienstleister, sondern die Unternehmensleistung – insbesondere bei Umstrukturierungsmaßnahmen – im Fokus des Unternehmens steht (z. B. Versicherungen, Banken).
    - Auch dezentrale Unternehmensstrukturen behinderten eine erfolgreiche Einführung, z. B. wenn Mitarbeiter im Außendienst oder im Baugewerbe tätig sind.
    - Weiterhin sei die Umsetzung in Branchen problematisch, in denen die Arbeitsbedingungen für Mitarbeiter schlecht erleichtert werden können

bzw. in denen keine Abwechslung körperlicher Tätigkeiten möglich ist (z.B. Bau-/Metallindustrie). Entlastungsschaffende Maßnahmen erforderten hier große Investitionen auch in Bildung, die keinen direkten Einfluss auf die Produktivität der Mitarbeiter hätten.

  - Etwa die Hälfte der Befragten attestierte sogar ärztlichen Einrichtungen Probleme bei der Etablierung eines umfassenden BGM. So wurde von einem Experten wenig ernsthaft, aber dennoch viel sagend konstatiert, dass viele Ärzte das Rauchen erst mit der Arbeit in der Klinik begonnen haben.

- Branchen mit tendenziell leichterer Umsetzung/Etablierung
  - Erfolgreicher und von weniger Widerständen geprägt sei die Umsetzung in Branchen, in denen abwechslungsreiche Tätigkeiten durchgeführt werden (z.B. Dienstleistungen, Beratung, Wellnessbranche, Einzelhandel).

5.3 Welche Widerstände gibt es aus Sicht der KMU?

5.3.1 Ergebnisse der Telefonbefragung

Wie bereits erwähnt, wurde die Frage nach den Gründen, die aus Sicht der KMU gegen die Etablierung einer betrieblichen Gesundheitsförderung sprechen, bei der Telefonbefragung direkt und völlig offen gestellt. Auch hier waren daher die Antworten glaubwürdig und nicht durch Wünschbarkeit verzerrt. Auch zu den Widerständen wurden die frei abgegebenen Benennungen in Gruppen gleichartiger Widerstände zusammengefasst. Die Ergebnisse (vgl. Abb. 19) dienten auch hier gleichzeitig als Vorgaben für die zeitlich spätere Online-Befragung.

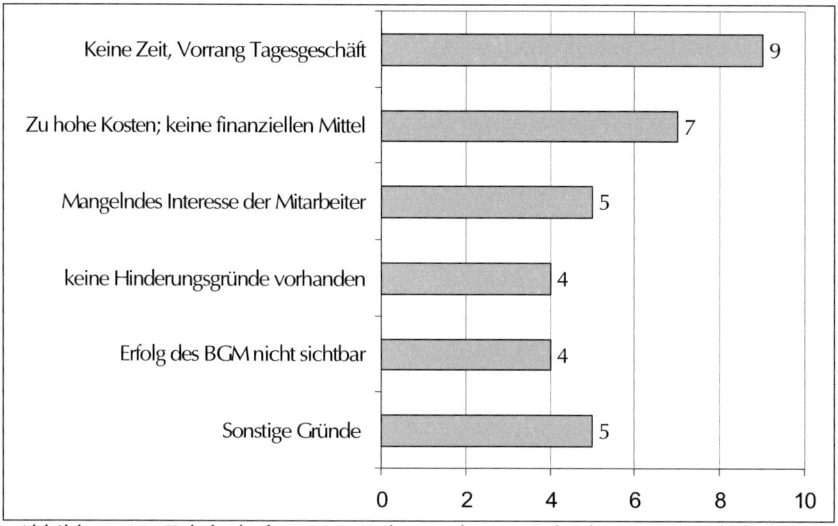

Abbildung 19: Telefonbefragung: Widerstände aus Sicht der KMU (Mehrfachnennungen möglich, abs. Häufigkeiten, n=23)

Die Gründe gegen BGM (Widerstände): Vorrang des Tagegeschäfts, Angst vor zu hohen Kosten und ein mangelndes Interesse der Mitarbeiter – dies sind die zentralen Widerstände, die aus den Telefongesprächen mit den Entscheidern in den KMU hervorgegangen sind. Der nicht (direkt) sichtbare Erfolg betrieblicher Gesundheitsförderung wird immerhin von 17% der Befragten genannt. Das bestätigt die Einschätzungen der Experten.

Die von den Experten genannten Argumente der KMU gegen ein BGM, dass der Krankenstand ohnehin gering und die Zufriedenheit der Mitarbeiter entgegen hoch sei, konnte durch die befragten Entscheider in KMU hingegen nicht bestätigt werden; ebenso wenig die Annahme, dass die Vorschläge externer Berater zu theoretisch und praxisfern seien.

5.3.2 Ergebnisse der Online-Befragung

Auch zu den Widerständen bestätigt die Online-Befragung die vorangegangene Telefonbefragung. Auch hier gaben die Befragten mehrheitlich an, dass zu hohe Kosten, die Angst vor Störung des „normalen" Arbeitsablaufs und unmotivierte Mitarbeiter die Hauptgründe gegen die Einführung betrieblicher Gesundheitsförderung sind. Die Ergebnisse bestätigen ansonsten auch die Einschätzungen der Experten. Auffällig: Widerstände aufgrund einer ablehnenden Haltung von Schlüsselpersonen im Unternehmen und die Angst vor Missverfolgen werden zudem als wenig bedeutend eingeschätzt (vgl. Abb. 20).

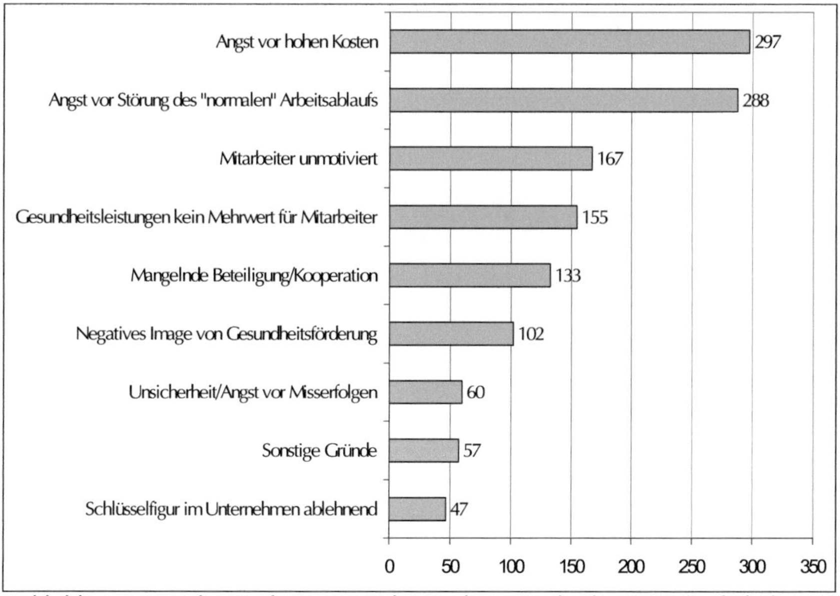

Abbildung 20: Online-Befragung: Widerstände aus Sicht der KMU (Mehrfachnennungen möglich, abs. Häufigkeiten, n=417)

Branchenspezifiche Ergebnisse

- Während das Image betrieblicher Gesundheitsförderung in Apotheken überdurchschnittlich positiv ist, so ist der Begriff in Unternehmen der Baubranche tendenziell negativ belegt. Gleiches gilt für Ingenieurbüros.
- Kosten spielen für Beratungsunternehmen eine – im Vergleich zu den anderen Branchen – eher untergeordnete Rolle.
- Darüber hinaus wird in der Beratungsbranche überdurchschnittlich häufig die Ablehnung eines BGM durch Schlüsselpersonen als Grund genannt.
- Besonders unmotivierte Mitarbeiter sind in der Baubranche (auch Gartenbauunternehmen) und in der Beratungsbranche ein wesentlicher Grund gegen die Intensivierung betrieblicher Gesundheitsförderung.
- Es fällt auf, dass sowohl von den Bauunternehmen als auch den Gartenbauunternehmen die meisten Widerstände genannt werden. Diese Ergebnisse decken sich mit den Einschätzungen der Experten, wonach die Widerstände in denjenigen Branchen höher sind, in denen dezentrale Unternehmensstrukturen, wie in der Baubranche, eine erfolgreiche betriebliche Gesundheitsförderung behindern.

Die zwischen den einzelnen Branchen signifikanten Unterschiede zeigt Tabelle 13 im Überblick.

Unternehmensgrößenspezifische Ergebnisse

- Die Angst vor hohen Kosten ist in den Kleinstunternehmen (< 10 Mitarbeiter) überdurchschnittlich stark ausgeprägt;
- ebenso die Angst vor Störung des „normalen" Arbeitsablaufs durch die zeitliche Beanspruchung gesundheitsfördernder Maßnahmen.
- Die Ablehnung des BGM durch Schlüsselpersonen ist in mittleren Unternehmen überdurchschnittlich häufig als Grund gegen Maßnahmen des BGM genannt worden.

Branche	**Signifikant geringere Widerstände als in anderen Branchen, da...** ↙	**Signifikant höhere Widerstände als in anderen Branchen, da...** ↗
Apotheken	▪ positives Image betrieblicher Gesundheitsförderung	▪ keine
Architekten/ Ingenieure	▪ keine	▪ negatives Image betrieblicher Gesundheitsförderung
Bauunternehmen	▪ keine	▪ negatives Image betrieblicher Gesundheitsförderung ▪ unmotivierte Mitarbeiter
Beratungsunternehmen	▪ geringe Bedeutung der Kosten als Barriere	▪ ablehnende Haltung von Schlüsselperson(en) im Unternehmen ▪ unmotivierte Mitarbeiter
Gartenbauunternehmen	▪ keine	▪ negatives Image betrieblicher Gesundheitsförderung ▪ unmotivierte Mitarbeiter
Rechtsanwälte	▪ keine	▪ keine

Tabelle 13: Branchenspezifische Unterschiede bei den Widerständen gegen ein BGM

5.4 Widerstände und deren Ursachen: Zusammenfassung

Aufgrund der Bedeutung in der vorliegenden Studie sollen hier die zentralen Widerstände gegen ein BGM in kleinen und mittleren Unternehmen und deren – dahinter liegenden/ versteckten – Ursachen noch einmal zusammengestellt werden, um weitergehende Handlungsempfehlungen in Kapitel 6 vorzubereiten.

Die drei Teilstudien haben gezeigt, dass sich die Widerstände der Geschäftsführung von denen der Mitarbeiter (Führungskräfte, Arbeitnehmervertreter, BGM-Beauftragte) teils deutlich unterscheiden. Mit einer entsprechenden Differenzierung der Widerstände wird hier dieser Erkenntnis Rechnung getragen.

Auch ist davon auszugehen, dass einige der von den KMU genannten Widerstände nur als Vorwand dienen und die eigentlichen Gründe bzw. Ursachen dahinter (versteckt) liegen. Hierzu sollen daher mögliche Gründe benannt werden.

5.4.1 Widerstände der Geschäftsführer

Ein wesentliches Charakteristikum der KMU ist der starke Einfluss der Betriebsinhaber bzw. Geschäftsführer. Als Eigentümer und Unternehmensleiter geben sie die strategische Ausrichtung des Unternehmens vor und prägen die Unternehmenskultur. Wie die Studie zeigt, prägt der persönliche Lebensstil des Geschäftsführers auch die Umsetzung gesundheitsfördernder Maßnahmen im Betrieb. Mangelt es dem Geschäftsführer an Gesundheitsbewusstsein, findet sich hier der zentrale Widerstand gegen ein BGM.

Tabelle 14 zeigt die wichtigsten Widerstände von Geschäftsführern im Überblick. Es ist jedoch – wie bereits angedeutet – davon auszugehen, dass sich die „eigentlichen Widerstände" dahinter verbergen. Die Tabelle nennt daher ebenso die möglichen Ursachen dieser Widerstände. Aufgabe eines Beraters ist es dann, im Einzelfall herauszufinden, ob die Widerstände „vorgeschobene" Gründe oder tatsächliche Barrieren sind, um die passenden – in Kap. 6 aufgezeigten – Empfehlungen zur Überwindung der Widerstände umsetzen.

Es konnte – primär in der Online-Befragung – gezeigt werden, dass der Begriff „Gesundheitsförderung" bzw. „Gesundheitsmanagement" tendenziell eher negativ besetzt ist, was aus zwei Problemen resultiert:

- Problem 1: Es besteht in den KMU häufig nur eine vage Vorstellung davon, was Gesundheitsmanagement eigentlich beinhaltet und bewirkt.
- Problem 2: Bei denjenigen, bei denen der Begriff mit konkreten Inhalten verbunden ist, löst er häufig negative Assoziationen aus (Übersteigertes soziales Bewusstsein, Nabelschau, Hypochondrie).

Im Gegensatz zu Großunternehmen verfügen KMU über wesentlich geringere Spielräume bei personellen und finanziellen Ressourcen. Dies schlägt sich auch auf die Umsetzung betrieblicher Maßnahmen zur Gesundheitsförderung durch. Tagesgeschäft und kurzfristige Existenzsicherung haben Vorrang vor strategischen Fragestellungen und langfristig ausgerichteten Konzepten, wie es das betriebliche Gesundheitsmanagement verkörpert. Die Angst vor hohen (Folge-)Kosten besteht dabei branchenübergreifend.

Diese Angst wird in vielen KMU dadurch verstärkt, dass ihnen der (individuelle) Nutzen gesundheitsfördernder Maßnahmen bislang nicht transparent genug vermittelt werden konnte. Die geringen Nennungen zu Vorteilen eines BGM aus Sicht der Geschäftsführer bestätigen dies. Nachteile und Gründe dagegen wurden ungleich häufiger genannt. Das auf eher kurzfristige interne Erfolge ausgerichtete Handeln vieler Geschäftsführer führt zu einem Desinteresse an Aktivitäten mit nur langfristigen Erfolgen. Dass sich viele der positiven Wirkungen betrieblicher Gesundheitsförderung jedoch erst mittel- bis langfristig einstellen, mindert die Motivation der Geschäftsführer in den KMU für ein umfassendes und nachhaltig wirkendes BGM-Konzept.

Widerstände	Mögliche Ursachen
Hohe (Folge-) Kosten	▪ fehlendes Wissen/keine Vorstellung, was BGM bedeutet/kostet ▪ fehlendes Wissen zu Anbietern BGM-spezifischer Leistungen ▪ keine passenden, KMU-adäquaten Angebote bekannt ▪ fehlendes Wissen über Fördermöglichkeiten
Keine Zeit, Tagesgeschäft geht vor, andere Prioritäten	▪ mangelnde Sensibilisierung; Nutzen betrieblicher Gesundheitsförderung nicht bekannt ▪ keine Vorstellung, wie viel Zeit für bestimmte Maßnahmen investiert werden muss ▪ fehlendes Gespür dafür, dass der Mitarbeiter wichtigstes „Gut" im Unternehmen ist ▪ Persönliche Lebensweise des Geschäftsführers (ungesund, unsportlich)
Keine Gesundheitsprobleme im Unternehmen, **Krankenstand ohnehin gering**	▪ allgemeine Beratungsresistenz ▪ Angst vor Widerständen der Mitarbeiter ▪ Persönliche Lebensweise des Geschäftsführers (ungesund, unsportlich)
Kosten stehen nicht im Verhältnis zum Nutzen	▪ fehlendes Wissen/keine Vorstellung, was BGM bzw. einzelne Maßnahmen kosten ▪ Nutzen gesundheitsfördernder Maßnahmen nicht bekannt ▪ Persönliche Lebensweise des Geschäftsführers (ungesund, unsportlich)
Negatives Image betrieblicher Gesundheitsförderung	▪ fehlendes Wissen / keine Vorstellung, was BGM bedeutet/kostet ▪ fehlendes Wissen zu Anbietern BGM-spezifischer Leistungen ▪ Nutzen betrieblicher Gesundheitsförderung nicht bekannt

Tabelle 14: Zentrale Widerstände der Geschäftsführung und mögliche Ursachen

5.4.2 Widerstände der Mitarbeiter

Die auf Ebene der Geschäftsführung analysierten Widerstände korrespondieren in Teilen auch mit den Widerständen der Mitarbeiter. Mangelt es dem Geschäftsführer am Wissen, was betriebliche Gesundheitsförderung bedeutet, was sie nützt und zeitlich wie finanziell kostet, so besitzen auch die Mitarbeiter hiervon nur vage Vorstellungen. Hinzu kommt: Während in Großunternehmen Betriebsräte und Mitarbeitervertretungen häufig Motor von Konzepten und Maßnahmen zur betrieblichen Gesundheitsförderung sind, fehlen diese Einrichtungen – größenbedingt – oftmals in KMU. Es mangelt den Mitarbeitern – jenseits des Geschäftsführers – damit auch an Motivation und Vorbildern.

Ebenfalls typisch für KMU ist die – im Vergleich zu Großunternehmen – überschaubare Mitarbeiterschaft. Zwischen dem Eigentümer bzw. Geschäftführer und seinen Mitarbeitern ergeben sich oft engere, auch emotionale Bindungen als in großen Unternehmen. Der Einfluss des Geschäftsführers auf die Privatsphäre seiner Mitarbeiter ist mitunter größer als der von Vorgesetzten in Großunternehmen. Fordert der Chef von seinen Mitarbeitern nun auch noch, persönliche Gewohnheiten und Bedürfnisse (z. B. Rauchen) in Frage zu stellen oder die Bereitschaft zur Teilnahme an Veranstaltungen außerhalb der regulären Arbeitszeit, kann dies schnell als Bevormundung oder Eingriff in die Privatsphäre verstanden werden und zur Ablehnung gesundheitsfördernder Maßnahmen führen.

Sofern Sportkurse, -turniere o. ä. angeboten werden, besteht die Gefahr, dass ein Teil der Mitarbeiter – insbesondere unsportliche und/oder übergewichtige Mitarbeiter – sich zurückgesetzt fühlen, ihre bisherige informale Position im Unternehmen in Frage gestellt sehen, bei Gebrechen vielleicht sogar peinlich berührt sind und ihre Teilnahme an diesen Angeboten verweigern oder sogar dagegen arbeiten.

Auch kann hier konstatiert werden, dass die Widerstände auf Ebene der Geschäftsführung tendenziell als „rationale Widerstände" anzusehen sind (z. B. Informationsdefizite, hohe Kosten, zusätzliche zeitliche Belastung, unklarer Nutzen), die Widerstände auf Ebene der Mitarbeiter hingegen tendenziell „emotionaler Natur" sind (z. B. Angst vor Eingriff in die Privatsphäre, Angst bei sportlichen Angeboten nicht mithalten zu können). Auch hier wird ein BGM-Berater im Einzelfall prüfen müssen, ob die Widerstände der Mitarbeiter vorgeschobene Widerstände sind oder ob möglicherweise andere Ursachen – wie die hier nun skizzierten – sich hinter den geäußerten Widerständen verbergen.

Tabelle 15 zeigt daher neben den zentralen Widerständen von Mitarbeitern auch möglicherweise dahinter liegende tatsächliche Ursachen. Die Übersicht in Tabelle 15 schließt dabei alle Mitarbeiter ein, auf explizite Widerstände einzelner Gruppen (BGM-Beauftragte, Arbeitnehmervertreter) wird sodann gesondert hingewiesen.

Widerstände	Mögliche Ursachen
Keine Lust, kein Interesse	▪ Fehlende Einsicht in den Sinn einzelner Maßnahmen; Motivation durch Vorbilder fehlt ▪ Nutzen betrieblicher Gesundheitsförderung nicht bekannt ▪ *bei Arbeitnehmervertretern:* Ablehnung von Maßnahmen, da sie als Bevormundung oder Eingriff in die Privatsphäre verstanden werden
Angst vor persönlichem "Imageschaden"	▪ Angst, bei sportlichen Aktivitäten nicht mithalten zu können ▪ Angst, als ungesund zu gelten bzw. „geächtet" zu werden oder z. B. nicht mehr im Unternehmen rauchen zu dürfen ▪ in Einzelfällen sind Mitarbeiter peinlich berührt, z. B wegen Übergewicht
Angst vor Überforderung	▪ *bei „BGM-Beauftragten"*: unfreiwillige Ausübung dieser Funktion; Doppelbelastung ▪ Frustration im Tagesgeschäft ▪ keine Vorstellung, wie viel Zeit für bestimmte Maßnahmen investiert werden muss

Tabelle 15: Zentrale Widerstände der Mitarbeiter und mögliche Ursachen

6 Handlungsempfehlungen zur Überwindung erkannter Widerstände

Es stellt sich die Frage, was ein BGM-Berater tun kann, um – unter Berücksichtigung der analysierten (teils emotionalen) Widerstände – einerseits KMU für das „Betriebliche Gesundheitsmanagement" **zu gewinnen**, andererseits auch dessen Umsetzung in der Praxis erfolgreich **zu begleiten** (vgl. Abb. 21).

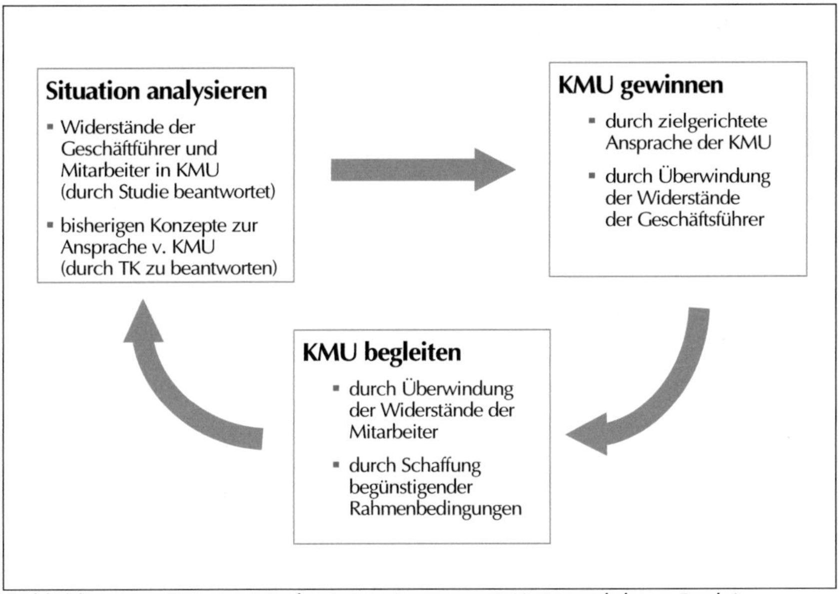

Abbildung 21: Situationsanalyse, Gewinnung von KMU und deren Begleitung

Zur Beantwortung dieser Frage werden im Folgenden Strategien und Maßnahmen für die geeignete BGM – Beratungen vorgestellt...

- die darauf abzielen, die Geschäftsführungsebene analysierten Widerstände zu überwinden, um KMU für ein BGM zu gewinnen (Kap. 6.1),
- die dazu geeignet sind, die – auch bei Mitarbeitern ermittelten – Widerstände im Betrieb zu überwinden, um KMU bei der Einführung und Etablierung von BGM-Konzepten erfolgreich zu begleiten (Kap. 6.2).

Dabei wird für einen BGM - Berater oder BGM–Beauftragten auch darauf zu achten sein, bislang angewandte Strategien und Maßnahmen kontinuierlich zu überprüfen und diese ggf. bei der Ansprache bzw. Begleitung neuer Unternehmen anzupassen (vgl. Abb. 21).

6.1 Was können BGM-Berater und BGM-Beauftragte tun, um KMU für das „Betriebliche Gesundheitsmanagement" zu gewinnen?

Um Geschäftführer von KMU für Konzepte zur betrieblichen Gesundheitsförderung zu gewinnen, sollen im Folgenden Strategien und Maßnahmen vorgestellt werden, die aufzeigen…

- wie es dem BGM-Berater bzw. BGM-Beauftragten gelingen kann, auf das Thema „Betriebliches Gesundheitsmanagement" **aufmerksam zu machen** und die Geschäftführer von KMU hierüber zu **informieren**,
- über wen er erfolgreich **Zugang zu KMU** erhalten kann,
- welche **Hilfestellung** er für KMU bieten bzw. vermitteln kann und
- und mit welchen **Argumenten** der BGM-Berater bzw. BGM-Beauftragte die Geschäftsführer in KMU überzeugen kann.

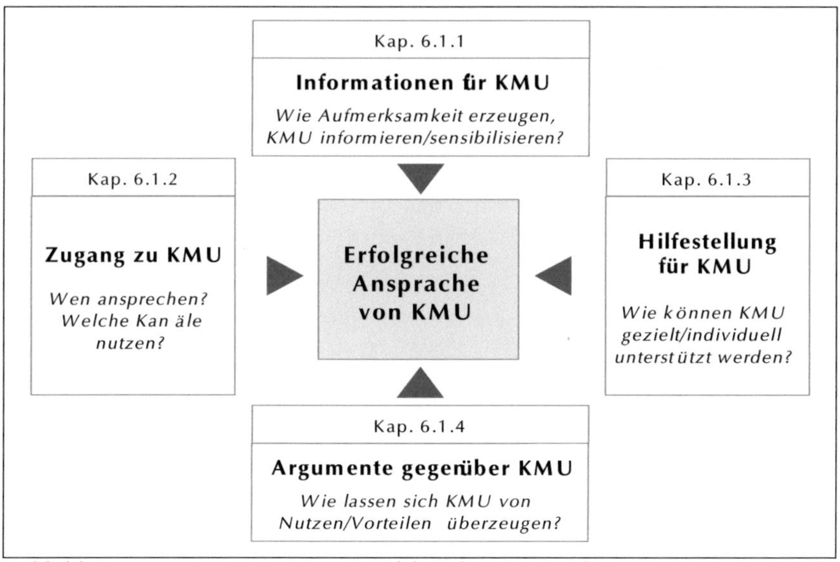

Abbildung 22: Determinanten einer erfolgeichen Ansprache von KMU

6.1.1 Informationen für KMU stärker differenzieren

- **Zielgruppendifferenzierte Informations- und Sensibilisierungskampagne**
  - Viele Widerstände sind vielfach nur vorgeschoben. Ursache dahinter ist oftmals das fehlende Wissen zum BGM und zu KMU-adäquaten Angeboten. Die Vorstellungen darüber, was BGM bedeutet, sind – so die Experten – äußerst vage. Gleichzeitig mangelt es vielen Geschäftsführern an dem Bewusstsein, Maßnahmen zur Erhaltung der geistigen und körperlichen Arbeitskraft ihrer Mitarbeiter nicht als Belastung, sondern als Chance und Wettbewerbsvorteil zu begreifen.
  - Wir empfehlen eine **zielgruppendifferenzierte** Informations- und Sensibilisierungskampagne nahe, d. h. differenziert nach Zielpersonen im Unternehmen und nach den benannten Branchen. Generelle Ziele sind dabei:
    - Bei Geschäftsführern Interesse für das Thema BGM wecken und Nutzen verdeutlichen. Wichtig ist eine praxisnahe Argumentation, die sich an den speziellen Bedürfnissen, Problemen und Widerständen der KMU orientiert.
    - Bei Mitarbeitern Ängste und Vorbehalte überwinden.
    - BGM-Beauftragte und Arbeitnehmervertreter mit Argumenten für ein BGM versorgen.
  - Dabei ist deutlich zu machen…
    - **wie** ein erfolgreiches BGM in KMU konkret aussehen kann,
    - **welchen Nutzen** das BGM hat (belastbare Zahlen),
    - **welche Kosten** dem Unternehmen entstehen werden und
    - **wie lange** einzelne Projekte/Maßnahmen dauern können bzw. in welchem zeitlichen Umfang Geschäftführung, Führungskräfte und Mitarbeiter beansprucht werden.
- **Roadshow zusammen mit Verbänden, Innungen etc.**
  - Wir schlagen eine Roadshow zusammen mit Verbänden, Innungen, Wellness- / Gesundheitsunternehmen (sofern dies neutral erfolgen kann) etc. vor. Dies kann auch Bestandteil der Informations- und Sensibilisierungskampagne sein; bspw. in Zusammenarbeit mit dem Bund der Selbstständigen (BDS) oder mit „Sport- und Wellness-Ketten“.

- **„BGM-Check" im Internet anbieten**
  - Entwicklung eines „BGM-Checks" für KMU, mit dem jederzeit schnell und ohne großen Aufwand der Stand und die Qualität des eigenen Gesundheitsmanagements ermittelt werden kann. Inhalte sollten z. B. sein:
    - Wird BGM als Führungsaufgabe verstanden? (Wer ist für das BGM verantwortlich? Reichen die personellen/finanziellen Ressourcen? Gibt es Anreize für Führungskräfte?)
    - Gibt es konkrete Ziele? (Anhand welcher Indikatoren wird der Erfolg des BGM gemessen?)
    - Welche Widerstände gibt es im Unternehmen? (Von wem werden sie vorgebracht? Was sind vorgeschobene/tatsächliche Widerstände?)
    - Wird die Wirksamkeit der Maßnahmen kontinuierlich überprüft? (Werden die Maßnahmen von den Mitarbeitern angenommen? Werden die gesetzten Ziele durch die angebotenen Maßnahmen erreicht? Werden die Maßnahmen ggf. angepasst?)
    - Werden die Mitarbeiter aktiv beteiligt? (Finden regelmäßige Mitarbeiterbefragungen statt? Können Mitarbeiter auch außerhalb von Befragungen ihre Vorschläge einbringen? Gibt es ein funktionierendes Vorschlagswesen?)
    - Gibt es ein spezielles Arbeitsschutzmanagement? (Gibt es eine schriftlich dokumentierte Gefährdungsbeurteilung? Werden regelmäßig Arbeitsplatzbegehungen durchgeführt?)
  - Werden diese Daten gespeichert, können die Ergebnisse als Grundlage und zur Vorbereitung persönlicher (Beratungs-)Gespräche genutzt werden.
  - Wir raten ausdrücklich davon ab, den Check auf eine CD-ROM zu übertragen und zu versenden, da u. a. Vorbehalte in Unternehmen gegenüber dem Installieren „fremder" Software und Angst vor Viren bestehen. Zudem kann ein Dritter bei dieser Variante nicht auf die Daten und Antworten der Nutzer zugreifen.

6.1.2 Prioritäten im Zugang zu KMU setzen

- **Prioritäten in der Ansprache der Branchen setzen**

  Prio 1: Bauunternehmen

  - Mitarbeiter von Bauunternehmen sind – im Branchenvergleich – den höchsten körperlichen Belastungen ausgesetzt; gleichzeitig ist der Krankenstand hier am höchsten (innerhalb der hier betrachteten Branchen).
  - Dennoch wird in Bauunternehmen nur wenig für die Gesundheit der Mitarbeiter getan. Große Widerstände („Wir machen doch schon Sport"), unmotivierte Mitarbeiter und ein tendenziell negativ belegter Begriff der Gesundheitsförderung signalisieren dringenden Handlungsbedarf.

  Prio 2: Gartenbauunternehmen

  - Die Ausführungen zu den Unternehmen der Baubranche treffen im Wesentlichen auch auf die Gartenbauunternehmen zu.

  Prio 3: Unternehmensberater

  - Mitarbeiter von Unternehmensberatungen sind häufig hohen Belastungen durch Stress und Termindruck ausgesetzt. In der Praxis fehlen oftmals Angebote, dies präventiv zu verhindern bzw. zu kompensieren.
  - Widerstände durch unmotivierte Mitarbeiter und die Ablehnung von Schlüsselpersonen zeigen Handlungsbedarf. Diese Zielgruppe scheint für Krankenkassen aber auch für BGM - Berater auch insofern interessant, da der Kostenfaktor in der Branche nur eine untergeordnete Rolle spielt und eine zentrale Barriere somit wegfällt.

  Prio 4: Architektur- und Ingenieurbüros

  - Mitarbeiter von Architekten- und Ingenieurbüros sind – im Branchenvergleich – nur geringen körperlichen Belastungen ausgesetzt.
  - Gleichzeitig gibt es in Form von Sportkursen, flexiblen Arbeitszeitmodellen und Seminaren zur Stressvermeidung ein im Vergleich zu anderen Branchen umfassendes Angebot. Das tendenziell negativ besetzte Image der Gesundheitsförderung in Ingenieurbüros signalisiert jedoch Handlungsbedarf.

Prio 5: Apotheken

- Abgesehen vom langen Stehen sind Mitarbeiter in Apotheken im Vergleich zu anderen Branchen niedrigen körperlichen Belastungen ausgesetzt. Zudem ist der Begriff des BGM in Apotheken besonders positiv besetzt.
- Während Einsicht und Bereitschaft zur betrieblichen Gesundheitsförderung groß sind, mangelt es häufig an deren Umsetzung. Häufig zu erkennen: Ablehnung eines „Sportwahns"; daher eher operative Unterstützung notwendig.

Prio 6: Rechtsanwälte

- Die Ausführungen zu den Apotheken treffen im Wesentlichen auch auf die Rechtsanwaltskanzleien zu. Darüber hinaus ist der Krankenstand sehr niedrig.
- Hinzu kommt: Kanzleien sind i. d. R. zu klein. Das notwendige große Engagement je Kanzlei lohnt sich große BGM-Beratungshäuser kaum. Es gibt auch nur etwa 30 Großkanzleien in Deutschland, die überhaupt hierfür attraktiv wären.

- **Suche und Einbindung von Meinungsführern/-unternehmen**
  - Direkt ins Unternehmen: Der Zugang zu KMU gelingt aus Sicht der Experten besonders dann gut, wenn er über bereits bestehende, persönliche Kontakte erfolgt. Dabei ist es unabhängig, ob es der Geschäftsführer oder ein BGM-Beauftragter ist.
  - Mittler suchen und gewinnen: Aufgabe von BGM-Beauftragten ist es auch, diejenigen Personen(-gruppen) als Mittler zu identifizieren, die in regelmäßigem Kontakt mit KMU stehen (z. B. Ansprechpartner bei IHKs, Vertreter von Branchenverbänden, Ansprechpartner in Netzwerken, Innungsmeister). In einem weiteren Schritt sind diese Mittler über das spezifische/besondere Angebot zur Gestaltung des BGM zu informieren und ggf. auch vorab zu schulen. Ziel ist es, diese in Kontakt zu den KMU stehenden Personen als Multiplikatoren zu nutzen und über sie die BGM-Angebote in den KMU bekannt zu machen. Ggf. können die Multiplikatoren zur Weitervermittlung interessierter Unternehmen an BGM-Betreuer beitragen.

6.1.3 Den KMU nur – aber genau – die Hilfe geben, die diese wollen

- **Fördermittel suchen und anbieten**
  - Die Angst vor hohen Kosten resultiert oft aus Unwissenheit oder wird als vorgeschobenes Argument genutzt. Gleichwohl sind viele KMU auf finanzielle Unterstützung angewiesen.
  - In der Vergangenheit wurden viele Projekte zum BGM mit Unterstützung von Förderprojekten und -mitteln durchgeführt. KMU mussten für die Beratung häufig keine oder nur einen Bruchteil der Kosten selbst tragen. Das hat auch die Erwartungshaltung der Unternehmen verändert (ein Experte sagte „verdorben"). Ein BGM-Berater oder BGM-Beauftragter muss also den KMU diese Fördermöglichkeiten aufzeigen und die Unternehmen bei der Beantragung von Fördermitteln unterstützen.
- **Unbürokratische Hilfe bieten**
  - Aufgrund mangelnder Erfahrung und fehlenden Know-hows benötigen Geschäftsführer, aber auch Arbeitnehmervertreter, häufig Unterstützung in organisatorischen, praktischen Fragen. Wichtig ist, dass sie unbürokratisch und schnell Hilfe bekommen.
  - BGM-Berater oder BGM-Beauftragte sollten eine schnell erreichbare Anlaufstelle zu allen Fragen zum BGM einrichten und diese den KMU bekannt machen. Aufgabe dieser Anlaufstelle ist es, mögliche Maßnahmen und Angebote aufzuzeigen, Fördermöglichkeiten für die Betriebe zu nennen, konkrete inhaltliche Beratung anzubieten und ggf. Experten zu vermitteln, die die Geschäftsführer vor Ort unterstützen.
  - Zudem sei hier hervorgehoben, dass es für eine Akzeptanz in den Unternehmen von zentraler Bedeutung ist, dass ein BGM nicht als wichtigste Aufgabe des Unternehmens angesehen und isoliert ins Unternehmen hineingetragen wird. Vielmehr ist BGM in das Unternehmen und dessen Prozesse zu integrieren, und dies auch den Zielgruppen deutlich zu machen. Das muss bei der Hilfe berücksichtigt werden.

6.1.4 Argumente gegenüber KMU müssen Nutzen aufzeigen

- **BGM ins Unternehmen integrieren**
  - Jegliche Unternehmen werden derzeit mit neuen Aufgaben von Außen überrannt. Jede Institution, die auf KMU zutritt, sieht in ihrem Anliegen eine zentrale, wenn nicht gar die wichtigste Aufgabe für das Unternehmen. Dies erzeugt sofort Ablehnung und Abbruch des Interesses.
  - Es sei daher hier nochmals betont, dass es für eine Akzeptanz in den Unternehmen von zentraler Bedeutung ist, dass ein BGM nicht als wichtigste Aufgabe des Unternehmens angesehen und isoliert ins Unternehmen hineingetragen wird.
  - Vielmehr ist BGM in das Unternehmen und dessen Prozesse zu integrieren und dies auch den Zielgruppen deutlich zu machen.
- **Best-Practice-Fälle erstellen und zeigen**
  - Es konnte gezeigt werden, dass in vielen Unternehmen Angst vor hohen (Folge-) Kosten besteht. Gleichzeitig bestätigten die Experten, dass Kosten-Nutzen-Argumente und positive Erfahrungen aus anderen Unternehmen zentrale Beweggründe für die Umsetzung gesundheitsfördernder Maßnahmen sind.
  - Dieser Nutzen wird von vielen KMU jedoch nicht gesehen bzw. kann ihnen – aufgrund fehlender Daten aus Best-Practice-Beispielen – nur unzureichend vermittelt werden.
  - Während es aus Großunternehmen zahlreiche Beispiele erfolgreicher betrieblicher Gesundheitsförderung gibt, fehlen diese aus KMU. Best-Pracitice-Fälle aus KMU machen daher Sinn.
  - Die Veröffentlichung dieser Best-Practice-Fälle ist ein effektives Hilfsmittel, um auch andere KMU am Beispiel konkreter Erfahrungen und belastbarer Fakten vom Nutzen betrieblicher Gesundheitsförderung zu überzeugen.
- **Worst-Practice-Szenarien erstellen**
  - Gleichzeitig sollten Worst-Practice-Szenarien erstellt werden, um zu zeigen, wohin die Vernachlässigung eines BGM im Betrieb führen kann.
- **Argumente von Geschäftsführern für Geschäftsführer**
  - Die Beratungsresistenz der KMU wirkt sich negativ auf die Bemühungen aus, KMU vom Nutzen des BGM zu überzeugen. Bei den Telefon-

interviews zeigte sich – insbesondere bei kleinen Unternehmen – die Tendenz zur Selbstüberschätzung („Wir sind auch ohne Gesundheitsmanagement erfolgreich!") bzw. eine Tendenz zu so genannten „Totschlagargumenten" („Was sollen wir denn noch alles machen? Das geht in einem Kleinstbetrieb sowieso nicht!").

- Derartige „Argumente" können von externern Beratern nur schwer entkräftet werden. Überzeugender sind hier Argumente von Geschäftsführern für Geschäftsführer. Mögliche Lösung: Aufbau von Erfahrungsaustauschgruppen unter Moderation eines externen Beraters. Argumente aus dem Munde BGM-erfahrener KMU sind häufig überzeugender als jede noch so gut gemachte Broschüre.
- Die Erfahrungsaustauschgruppen können sowohl innerhalb bestimmter Branchen als auch branchenübergreifend gegründet werden. Entscheidender ist, dass die teilnehmenden Unternehmen über ähnliche Betriebsgrößen (Mitarbeiter, Umsatz) verfügen und die zeitliche Beanspruch so gering wie möglich bleibt.

- **Einführung eines BGM-Zertifikats**
  - Unternehmen, die ein (erfolgreiches) BGM betreiben, sollten ein Zertifikat erhalten. Dieses können die Unternehmen nach außen zeigen. Das Zertifikat trägt zur Imagepflege der Unternehmen bei und kann Nachahmereffekte auslösen.
  - Presse-/PR-Unterstützung: Zertifizierten Unternehmen kann die Einbindung in Pressebeiträgen nahegelegt werden.
- **Besseres Basel II-Rating durch BGM**
  - Beim Rating nach Basel II werden – neben den quantitativen Kriterien („hard facts") – auch qualitative Kriterien („soft facts") erfasst und bewertet. Zu den „soft facts" zählen Potenziale und Chancen, die sich mittel- bis langfristig auch auf die Bilanz auswirken können.
  - Beispiel: Ein erfolgreiches BGM kann die Mitarbeitermotivation erhöhen, den Krankenstand senken und so die Produktivität des Unternehmens erhöhen. Diese hat wiederum direkten Einfluss auf das Geschäftsergebnis des Unternehmens.
  - Auch wenn das Thema BGM derzeit kein eigenes Ratingkriterium bildet, sollten erfolgreich durchgeführte Maßnahmen zur betrieblichen Gesundheitsförderung dokumentiert und im Gespräch mit der Bank hervorgehoben werden. Das Engagement, in die Gesundheit der Mit-

  arbeiter zu investieren, kann sich positiv auf die Gesamtbewertung des Unternehmens auswirken.
  - Dieses Argument ist vor allem für kleinere Unternehmen zu nutzen. Denn: Je kleiner das Unternehmen, desto größer ist die Bedeutung der „soft facts".
  - Das oben genannte Zertifikat kann hierzu genutzt werden.
- **Weitere Argumente für Geschäftsführer von KMU – Inhalte in Stichworten**
  - langfristige Senkung des Krankenstands,
  - höhere Mitarbeiterzufriedenheit,
  - motivierte Mitarbeiter, leistungsfähige Mitarbeiter,
  - verbesserte Produkt- und Dienstleistungsqualität und dadurch
  - höhere Kundenzufriedenheit,
  - Imageaufwertung für das Unternehmen (nach innen und außen)
  - verbessertes Betriebsklima/verbesserte Unternehmenskultur

6.2 Was können BGM - Berater oder BGM - Beauftragte tun, um Widerstände im Betrieb zu überwinden?

Anmerkung vorweg: Da gängige Berater aus ihrer täglichen Praxis heraus die konkrete, operative Umsetzung der im Folgenden vorgeschlagenen Maßnahmen besser bewerten und mit operativen Details füllen können, beschränken wir uns hier auf die rein formale Benennung der Vorschläge bzw. Anregungen.

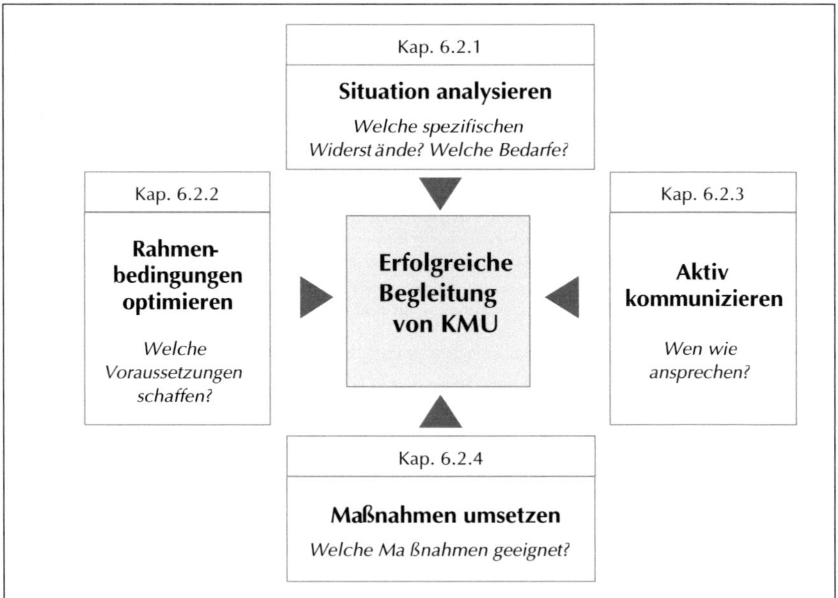

Abbildung 23: Determinanten einer erfolgeichen Begleitung von KMU

6.2.1 Situation analysieren

- **Widerstände erkennen und gezielt argumentieren**
  - In Anlehnung an die in Kap. 5.4.2 genannten Widerstände sollte geprüft werden, welche Widerstände es im Unternehmen gibt und welche Ursachen möglicherweise dahinter stehen. Wie gezeigt werden

konnte, spielen bei den Mitarbeitern häufig emotionale Widerstände eine wichtige Rolle.

- Bei der Argumentation ist auf diese spezifischen Widerstände einzugehen. Dabei sollten die Argumente nach Zielgruppen und nach Branchen differenziert werden (Führungskräfte, Mitarbeiter, Betriebsrat, BGM-Beauftragte etc.).

- **Befragung der Mitarbeiter nach Vorschlägen**
  - Trotz des Einflusses der Person und des Lebensstils des Geschäftsführers auf die Umsetzung eines BGM sollte das BGM nicht primär als Top-Down-Prozess verstanden werden. Die Partizipation der Mitarbeiter ist Voraussetzung für deren Motivation und die Qualität der Ergebnisse. Maßnahmen, die von den Mitarbeitern selbst vorgeschlagen werden, sind i. d. R. leichter umsetzbar.
  - Durch eine von außen durchgeführte Mitarbeiterbefragung können die betriebliche Gesundheitssituation (z. B. Mitarbeiterbelastungen, Mitarbeiterzufriedenheit) und der Beratungsbedarf analysiert werden. Die Ergebnisse dieser Befragung sind zunächst vertraulich mit dem Geschäftsführer zu besprechen.
  - Einschränkung: In Kleinstunternehmen wird eine Mitarbeiterbefragung nicht möglich sein. Die Anonymität ist nur schwer zu gewährleisten, statistische Verfahren können kaum eingesetzt werden. Alternative: Moderierte Diskussionsrunden.

6.2.2 Rahmenbedingungen optimieren

- **Gesundheitsförderndes Verhalten belohnen**
  - Widerstände der Mitarbeiter werden geringer, wenn Gratifikationen / Belohnungen in Aussicht gestellt werden und die Geschäftsführung damit das Interesse an der Gesundheit der Mitarbeiter verdeutlicht.
  - Werden Belohnungen in Aussicht gestellt, sinkt häufig auch die „Angst" bei sportlichen Aktivitäten nicht mithalten zu können…
- **BGM-Beauftragte unterstützen**
  - Die BGM-Beauftragten sind – wie gezeigt wurde – in einzelnen Fällen unfreiwillig mit dieser Aufgabe bedacht worden. Motivation und Bereitschaft sich zu engagieren, sind entsprechend gering. Hinzu kommt die Sorge vor Überforderung.

- Es bedarf daher eines Angebots, das die BGM-Beauftragten mit ihrer neuen Rolle vertraut macht. Sie sollen lernen, sich in ihrer neuen Rolle zu positionieren und die Akzeptanz ihrer Kollegen zu sichern. Sofern diese Unterstützung nicht als „Einzel-Coaching" angeboten wird, können Gruppenseminare den BGM-Beauftragten das Gefühl geben, mit ihrer Aufgabe „nicht allein zu sein".

- **Einbindung des familiären Umfelds**
  - Um die strikte Trennung von Arbeits- und Freizeit zu überwinden, sollten die Familien der Mitarbeiter in die Maßnahmen einbezogen werden. Sie sind i. d. R. neugierig und wollen wissen, was im Betrieb passiert.

6.2.3 Aktiv kommunizieren

- **Multiplikatoren im Unternehmen gewinnen**
  - Die Unterstützung durch die Führungskräfte ist in mittleren Unternehmen häufig Voraussetzung für ein erfolgreiches BGM. Die BGM-Berater sollten die Führungskräfte gezielt und differenziert ansprechen und schon vor der Einführung eines BGM einbinden und schulen, z. B. zu folgenden Themen:
  - Richtiges Verhalten bei psychisch auffälligen Mitarbeitern
  - Problemlösendes Führungsverhalten bei Alkohol- und Drogenmissbrauch
  - Motivations- und Führungspsychologie
  - Zeit- und Selbstmanagement
  - Weiterhin sollte man die „grauen Eminenzen" im Unternehmen identifizieren, die – nicht zwangsläufig in einer Führungsposition – die Einstellungen und Meinungen der Mitarbeiter stark beeinflussen (können).
- **Auch einzelne Mitarbeiter persönlich ansprechen**
  - Mitarbeiter sind leichter vom Sinn einzelner Maßnahmen zu überzeugen, wenn sie persönlich angesprochen und motiviert werden.
  - Sie können dann auch als Meinungsführer im Unternehmen dienen.
- **Lohntütenzettel**
  - Ergänzend zur persönlichen Ansprache sollten die Mitarbeiter auch schriftliche Informationen über den Sinn und die Vorteile betrieblicher

Gesundheitsförderung sowie über Angebote im Unternehmen erhalten (z. B. Kurse, Seminare, Turniere).

- Erfahrungsgemäß gehen gedruckte Informationen oder E-Mails schnell in der Aufgaben- und Informationsflut verloren. Gefragt sind innovative Lösungen, um Aufmerksamkeit zu erzeugen und Interesse zu wecken. Eine Möglichkeit könnte die Beilage von Flyern oder kleinen Broschüren in der „Lohntüte" sein.

6.2.4 Maßnahmen umsetzen

- **Zuerst Maßnahmen anregen, die Spaß machen und einfach sind**
  - Zunächst sollten einfache, kompakte Maßnahmen umgesetzt werden, die den Mitarbeitern Spaß machen.
  - Die Angst, sportlich nicht mithalten zu können bzw. als unsportlicher Typ nicht akzeptiert zu werden, wird überwunden, wenn der Spaß und nicht die sportliche Leistung im Vordergrund steht. Wichtig ist das Erleben positiver Emotionen.
  - Zudem: Ein umfassendes Gesundheitsmanagement ist leichter einzuführen, wenn Maßnahmen angeboten werden, die zunächst nicht als System erkannt werden.
- **Unbürokratische Hilfestellung bieten**
  - Den Mitarbeitern ist eine leicht erreichbare Anlaufstelle bei Problemen, Rückfragen zu bieten (z. B. Telefon-Hotline, persönlichen Berater/Coach, schnelles und zuverlässiges E-Mail-Sytem oder Online-Kontaktformulare).
- **Durchführung von Gesundheitstagen in den Betrieben**
  - Gesundheitstage im Betrieb können helfen, Mitarbeiter für das eigene Gesundheitsverhalten zu sensibilisieren. Gerade in denjenigen Branchen, in denen der Begriff der Gesundheitsförderung tendenziell negativ belegt ist (z .B Bauunternehmen, Gartenbauunternehmen) können Gesundheitstage helfen, das Image betrieblicher Gesundheitsförderung zu verbessern.
  - Zu den angebotenen Aktionen können z. B. kostenlose Körperfett-Analysen, Ernährungsberatungen, Blutdruckmessungen, Impfungen, Sehtests, Massagen am Arbeitsplatz oder spezielle Menüs in der Kantine zählen.

- **Altersgruppengerechte Angebote**
  - Altersgerechte sportliche Aktivitäten (z. B. spezielle „Nordic-Walking-Kurse" für ältere Mitarbeiter) helfen, bei älteren Mitarbeitern Ängste abzubauen, mit jüngeren Mitarbeitern nicht mithalten zu können.
- **Angebote zum Umgang mit psychischen Belastungen**
  - Betriebliche Gesundheitsförderung fokussiert sich sehr stark auf den Umgang mit körperlichen Belastungen. Psychische Belastungen werden seltener berücksichtigt.
  - Wie die Studie gezeigt hat, fehlt es bislang häufig an Angeboten, bspw. zur Prävention von Stress und Mobbing bzw. dem Umgang damit.
- **Rollenspezifische Bildungsangebote und Reduktion auf das Wesentliche**
  - Es gibt auf dem Markt eine Vielzahl unterschiedlicher Bildungsangebote zum BGM. Schwerpunkte dieser Angebote sind u .a. Stressmanagement, Zeitmanagement, Kommunikationstraining, Entspannungstechniken.
  - Das bestehende Angebot – auch anderer Krankenkassen – fokussiert sich damit auf einzelne Themen und Maßnahmen. Was häufig fehlt sind...
    - Angebote, die auf die speziellen Rollen der Mitarbeiter im Unternehmen zugeschnitten sind (z. B. Geschäftsführer, BGM-Beauftragte, Arbeitnehmervertreter);
    - Angebote, die den BGM-Verantwortlichen helfen, ein für ihr Unternehmen optimales Konzept zu entwickeln, das über die Umsetzung einzelner, unkoordinierter Maßnahmen hinausgeht („Hilfe zur Selbsthilfe").
  - Seminare und Workshops sollten reduziert als 1-Tages-Programme angeboten werden, um die zeitliche Inanspruchnahme gering zu halten („reduce to the max").
- **3-Phasen-Konzept von Meyer zur schrittweisen Umsetzung eines BGM**
  - Das Konzept von Meyer (2006) soll helfen, schrittweise ein BGM in KMU einzuführen, ohne sogleich umfangreiche Maßnahmen zu erzwingen.

- Nach diesem Konzept sind vorab drei Erkenntnisse zu berücksichtigen:
  - Gesundheitsmanagement ist mehr als Grippeschutz und Unfallverhütung, ist ein mittel- bis langfristiges Konzept, eine Strategie, die sich in vollem Umfang erst nach Monaten und Jahren auszahlt. Orientiert man sich nur am aktuellen Krankenstand, vernachlässigt dies Minderleistung und Demotivation während der Arbeit sowie langfristige Folgen durch Frühverrentung, Kuren, innere Kündigung und Fluktuation.
  - In diesem Sinne darf Gesundheitsmanagement nicht nur die Vermeidung körperlicher Krankheiten im Auge haben, sondern auch die Psyche der Mitarbeiter. Viele langfristige Krankheiten dürften primär auf die Psyche und damit auf die Arbeitsverhältnisse und das -klima zurückzuführen sein (z. B. Magenreizung, innere Kündigung, Ängste, Leistungsabfall).
  - Der „Gesundheitsmanager" muss auf die Freiwilligkeit der Mitarbeiter aufbauen. Die oben genannte fehlende Einsicht ist nicht nur ein Problem des Unternehmers, sondern auch vieler Mitarbeiter. So muss für Sport geworben werden, verordnen kann das Unternehmen dies nicht (wie es etwa in Japan mehr oder weniger zwangsweise geschieht). Was wenig taugt, sind abendliche Events mit Joggen, Schwimmen oder gemeinsame Saunabesuche, da sie Zwangscharakter besitzen.
- Maßnahmen zum Gesundheitsmanagement sind somit in kurz-, mittel- und langfristige zu unterscheiden. Der Maßnahmenkatalog ist dabei wie folgt:
  1. **Kurzfristiges Gesundheitsmanagement:**
     - **Grundlegende Aufgaben**: Erkennung, Beseitigung und Vermeidung von aktuellen Krankheiten, Unfällen und deren Ausbreitung im Unternehmen.
     - **Beispiele konkreter Maßnahmen**: Hygiene, Arbeitssicherheit, Erste-Hilfe- Kurse, Prävention im akuten Fall (z. B. durch Impfung), Mitarbeiter bei Ansteckungsgefahr nach Hause schicken, ebenso bei sichtbarer Überarbeitung eines Mitarbeiters, Beachtung der Arbeitsergonomie (PC, Stuhl, Schreibtischhöhe, Lichteinfall, Raumfarben, Geräuschpegel, Maschinen, Treppen, Laufwege durch die Büros), Raucherzonen, aber auch täglich eine Schale mit Obst im Betrieb positionieren (frei nach dem beliebten Motto in Großbritannien: „An apple a day keeps the doctor away").

2. **Mittelfristiges Gesundheitsmanagement:**

   - **Grundlegende Aufgaben**: Mitarbeiter zu dauerhafter gesunder Lebensweise und Prävention bewegen, durch Sport und Ernährung aber auch in deren Psyche.

   - **Beispiele konkreter Maßnahmen**: Mitarbeiter zum Sport motivieren sowie Hilfe zu gesunder Ernährung und Lebensweise bewegen bzw. unterstützen (z. B. Firmenverträge mit Vergünstigungen oder vollständiger Bezahlung von Abos in Sport- und Massagestudios, Ernährungsseminaren), Gewinnung des Ehrgeizes der Mitarbeiter (z. B. mit einer Firmen-Tennis- oder Jogging-Mannschaft, die an Wettbewerben teilnimmt), die Mittagspause wird zum Heiligtum erklärt (d. h. kein Essen neben der Arbeit, Trennung von Arbeitsplatz und ruhigem Mittagtischbereich, am Besten außerhalb der Arbeitsstätte, gemeinschaftlicher Spaziergang zum Essen), Einladung des Chefs zum Abendessen in speziellen Restaurants „gesund essen gehen – der Chef lädt ein“. Eher ein Taschenspielertrick, aber sehr wirkungsvoll: Fettmessgerät und Waage im Gemeinschaftsraum aufstellen.

3. **Langfristige Gesundheitsmanagement:**

   - **Grundlegende Aufgaben**: Langfristige Vermeidung von physischen Spätfolgen und psychischen Schäden durch eine entsprechende „Corporate Culture.“

   - **Beispiele konkreter Maßnahmen**: Langfristige Weiterführung der mittelfristigen Maßnahmen sowie Schaffung eines betrieblichen Klimas, in dem positiv mit dem Thema Gesundheit umgegangen wird (also nicht im negativen Sinne Hypochondrie, einer Suche und Überbetonung kleiner Krankheiten), d. h. Sportlichkeit und Wellness werden als positive Werte hervorgehoben und gefördert, „gesundheitsaktive“ Mitarbeiter als Vorbilder herausgestellt, Mitarbeiterinitiativen durch das Unternehmen unterstützt (s. o. Zuschüsse, Sport-T-Shirts mit Unternehmensaufdruck, Förderung der Kinder der Mitarbeiter), Sport wird aktiv im Unternehmen kommuniziert (z. B. Betriebsturnier mit Preisgeld). Zudem sind gezielt psychologische Rahmenbedingungen zu schaffen: Vermeidung von Mobbing, Eigenüberlastung, Ängsten bei überzogenem Leistungszwang. Ein angenehmes Arbeitsumfeld und hohes Company-Commitment sind langfristig die besten Gesundheitsmanagementmaßnahmen.

Tabelle 16 zeigt die vorgestellten Maßnahmen und deren Ziele in der Zusammenfassung:

Zielgruppe	Ziele	Maßnahmen
Geschäftsführer (KMU für BGM gewinnen)	▪ Aufmerksamkeit erzeugen ▪ Interesse für BGM wecken ▪ Begriff „Gesundheitsförderung" positiv besetzen ▪ Informationsdefizite abbauen ▪ Angebote aufzeigen	▪ Differenzierte Informations- und Sensibilisierungskampagne ▪ „BGM-Check" im Internet ▪ Road-Show bei Vebänden, Innungen etc. ▪ Unbürokratische Hilfestellung bieten
	▪ Zugang zu KMU ▪ Beratungsresistenz umgehen	▪ Prioritäten in der Ansprache von Branchen setzen ▪ Identifikation und Einbindung von Meinungsführern/-unternehmen
	▪ Angst vor hohen Kosten abbauen ▪ Finanzielle Unterstützung bieten	▪ Fördermittel suchen und anbieten
	▪ Nutzen betrieblicher Gesundheitsförderung verdeutlichen	▪ Best-Practice-Fälle erstellen und zeigen ▪ Worst-Case-Szenarien erstellen ▪ Argumente von Geschäftsführern für Geschäftsführer (Erfa-Gruppe) ▪ BGM für besseres Rating (Basel II)
	▪ Mehrwert durch BGM bieten	▪ Zertifikat für erfolgreiches BGM an Unternehmen verleihen (Imagewirkung, PR)

Tabelle 16: Maßnahmen und deren Ziele im Überblick (Teil 1)

Zielgruppe	Ziele	Maßnahmen
Mitarbeiter (KMU im BGM begleiten)	▪ auf individuellen Widerstände eingehen (Ursachen identifiz.) ▪ Mitarbeiter einbeziehen	▪ Situation analysieren ▪ Mitarbeiterbefragung
	▪ Rahmenbedingungen im Unternehmen optimieren ▪ Mitarbeiter durch Vorbilder motivieren	▪ Multiplikatoren im Unternehmen gewinnen (Führungskräfte / „graue Eminenzen“) ▪ BGM-Beauftragte unterstützen ▪ Rollenspezifische Schulungen
	▪ Zur Teilnahme an gesundheitsfördernden Maßnahmen motivieren ▪ Interesse des Unternehmens an Gesundheit der Mitarbeiter zeigen	▪ Gesundheitsförderndes Verhalten belohen (Gratifikationen, Belohnungen)
	▪ Ängste vor Eingriff in Privatsphäre mindern ▪ Aufhebung der strikten Trennung zwischen Berufs- und Privatleben	▪ Einbindung des familiären Umfelds
	▪ Sinn betrieblicher Gesundheitsförderung verdeutlichen ▪ über Angebote im Unternehmen informieren	▪ Mitarbeiter persönlich ansprechen ▪ Lohntütenzettel ▪ Gesundheitstage im Betrieb ▪ Unbürokratische Hilfestellung bieten
	▪ Ängste abbauen, (sportlich) nicht mithalten zu können ▪ Ängste abbauen, als unsportliche Person nicht akzeptiert zu werden	▪ Fokussierung auf Maßnahmen, die Spaß machen und einfach sind ▪ Altersgruppengerechte Angebote

Tabelle 16: Maßnahmen und deren Ziele im Überblick (Teil 2)

6.3 Ausblick: Welche Entwicklungen werden das BGM in Zukunft maßgeblich beeinflussen?

Abschließend möchten wir das Augenmerk auf folgende Trends in der Wirtschaft der KMU lenken, da diese Trends auch die Rolle und die Einführung von BGM in diesen Unternehmen in Zukunft beeinflussen werden.

- **Demographische Entwicklung**
  - Aus Sicht der Experten werden neue Konzepte für ältere Mitarbeiter benötigt (z. B. zur Minimierung von Fehlzeiten). Dies sei umso wichtiger, da ältere Mitarbeiter oftmals Know-how-Träger der Unternehmen seien und es gleichzeitig schwieriger werde, junge (talentierte) Mitarbeiter zu gewinnen.
  - Ferner muss es den Unternehmen gelingen, ihre Produktivität mit einer immer älter werdenden Belegschaft sicherzustellen und zu steigern.
- **Wachsende Bedeutung multimedialer Begleitung**
  - Die Bedeutung einer multimedialen Begleitung wird in den nächsten Jahren weiter zunehmen. So können bspw. Lernvideos, Hilfen und Spiele am Computer unterstützend eingesetzt werden.
- **Integration des BGM in standardisierte Managementsysteme**
  - Einzelne Nennungen der Experten bezogen sich auf die Integration des BGM in standardisierte Managementsysteme mit dem Ziel, einen „gesunden Betrieb" messbar zu machen und die Wirkung einzelner Maßnahmen im Zeitverlauf genau analysieren zu können.
  - Denkbar wäre bspw. eine „gesundheitsorientierte Personal Scorecard" (in Anlehnung an die Balanced Scorecard), die die Ziele der betrieblichen Gesundheitsförderung formulierbar, messbar und kontrollierbar macht.
- **Internationalisierung der KMU**
  - Bei den Maßnahmen zur betrieblichen Gesundheitsförderung sollte auch die zunehmende Internationalisierung der KMU berücksichtigt werden.
  - Ein „exotisches Betriebsessen" kann nicht nur Beispiel gesundheitsbewusster Ernährung sein, sondern auch den Umgang mit fremden Kulturen in lockerer Atmosphäre üben.

Literatur

- Badura, Bernhard (2008): Innovative Entwicklungen im Betrieblichen Gesundheitsmanagement. Vortrag auf Fachtagung am 24.09.2008. Online: http://www.bgm-bielefeld.de/downloads/badura.pdf (Zugriff 06.10.2008)
- Badura, Bernhard/Ritter, Wolfgang/Scherf, Michael (1999): Betriebliches Gesundheitsmanagement - ein Leitfaden für die Praxis. Berlin: Edition Sigma.
- Deming, William Edwards (1982): Out of the Crisis. Cambridge/MIT.
- Deutsches Netzwerk für betriebliche Gesundheitsförderung (DNBGF) (2005): Ergebnisse aus der Mitgliederbefragung des Forums KMU im DNBGF. Online: http://www.dnbgf.de/fileadmin/texte/Downloads/uploads/dokumente/1022_KMU_Auswertung_final.pdf (Zugriff 09.10.2008)
- Europäisches Netzwerk für betriebliche Gesundheitsförderung (ENBGF) (o.J.): Kriterien und Beispiele guter Praxis der betrieblichen Gesundheitsförderung in Klein- und Mittelunternehmen (KMU). Online: http://www.dnbgf.de/fileadmin/texte/Downloads/uploads/dokumente/KRITERIEN__DEU_.PDF (Zugriff 06.10.2008)
- Europäisches Netzwerk für betriebliche Gesundheitsförderung (ENBGF) (1999): Qualitätskriterien für die betriebliche Gesundheitsförderung. Online: http://www.dnbgf.de/fileadmin/texte/Downloads/qualitaetskriterien.pdf (Zugriff 06.10.2008)
- Europäisches Netzwerk für betriebliche Gesundheitsförderung (ENBGF) (2001): Report on the Current Status of Workplace Health Promotion in Small and Medium-Sized Enterprises (SMEs). Online: http://www.enwhp.org/fileadmin/downloads/report_on_the_current_status.pdf (Zugriff 20.10.2008)
- Forst, Michael/Hoehner, Markus A./Henssler, Oliver T./Brandt, Sabine/Schmidt, Florian/Hofer, Jan (2006): Gesundheitsmanagement 2006/07: Strukturen, Strategien und Potenziale deutscher Großunternehmen. Bonn: EuPD Research.
- Giese, Reinhard/Weber, Silke/Lewien, Sonja (2007): Gesundheitsmanagement in Klein- und Mittelbetrieben – Ergebnisse aus Mitarbeiterbefragungen in zehn Hamburger Betrieben. Online: http://www.wiso.uni-ham-

burg.de/fileadmin/wiso_dsw_isoz/Arbeitsstelle_Reha/Link_3_Pressemitteilung_PACUM_11.01.07.doc (Zugriff 13.10.2008)

- Hauptverband der gewerblichen Berufsgenossenschaften (HVBG) (2002): BGI 841 – Präventionsaktionen für kleine und mittlere Unternehmen. Online: http://www.arbeitssicherheit.de/arbeitssicherheit/html/modules/bgi800849/800-849/bgi841.pdf (Zugriff 16.10.2008)
- Hirtenlehner, Helmut/Sebinger, Sarah (2004): Betriebliche Gesundheitsförderung für KMU. Ergebnisse einer Bedarfsanalyse für Oberösterreich. Linz: Institut für Gesundheitsplanung. Online: http://www.netzwerk-bgf.at/mediaDB/123879.PDF (Zugriff 16.10.2008)
- Helmenstein, C./Hofmarcher, M./Kleissner, A./ Riedel, M./Röhrling, G./ Schnabl, A. (2004): Ökonomischer Nutzen Betrieblicher Gesundheitsförderung. Endbericht. Studie im Auftrag des Bundeskanzleramtes, Sektion Sport. Wien und Eisenstadt: Institut für Höhere Studien (IHS) und ESCE Wirtschafts- und Sozialwissenschaftliche Forschung. Online: http://www.sport.austria.gv.at/2004/7/28/FitforBusiness_Endbericht1.pdf (Zugriff 16.10.2008)
- Henssler, Oliver T./Forst, Michael (2007): Gesundheitsmanagement 2007/08: Strukturen, Strategien und Potenziale deutscher Großunternehmen. Bonn: EuPD Research.
- Meifert, Matthias T./Kesting, Mathias (Hrsg.) (2003): Gesundheitsmanagement in Unternehmen: Konzepte, Praxis, Perspektiven. Berlin et al.: Springer.
- Scharnhorst, Julia/Rehhorn, Elke (2003): Studie zur Betrieblichen Gesundheitsförderung im Raum Hamburg 2003. Online: http://www.h-p-plus.de/hpp_de/newsletter/auswertung_studie.pdf (Zugriff 13.10.2008)
- Sockoll, Ina/Kramer, Ina/Bödeker, Wolfgang (2008): Wirksamkeit und Nutzen betrieblicher Gesundheitsförderung und Prävention – Zusammenstellung der wissenschaftlichen Evidenz 2000 bis 2006. iga Report 13. Online: http://www.iga-info.de/fileadmin/texte/iga_report_13.pdf (Zugriff 13.10.2008)
- Zentrum für wissenschaftliche Weiterbildung an der Universität Bielefeld e.V. (2008): Betriebliches Gesundheitsmanagement – Ergebnisse einer Blitzbefragung am 24.09.2008. Online: http://www.bgm-bielefeld.de/downloads/befragung.pdf (Zugriff 09.10.2008)

Anhang 1: Fragebogen Telefonbefragung

Zusammengehörende Fragen sind eingerahmt. Hinweise und Interviewer-Anweisungen, die nicht vorzulesen sind, sind *kursiv* gedruckt.

1. Einführung, Vorstellung des Interviewers

Guten Tag, mein Name ist [...] vom Deutschen Institut für kleine und mittlere Unternehmen in Berlin. Eine deutsche Krankenkasse lässt von uns zurzeit untersuchen, welche Widerstände es in kleinen und mittleren Unternehmen gegen ein „Betriebliches Gesundheitsmanagement" gibt und wie sich diese überwinden lassen.

Bei der Untersuchung werden auch telefonische Befragungen durchgeführt. Ihr Unternehmen wurde über eine Zufallsauswahl gezogen. Ihre Angaben werden selbstverständlich vertraulich behandelt.

Hätten Sie jetzt Zeit für ein ca. 10-minütiges Gespräch?

Ja → Das ist schön. Dann können wir ja gleich beginnen.
Nein → Dürfen wir Sie dann vielleicht zu einem anderen Zeitpunkt noch einmal anrufen?
Ja → Termin: ____________________
Nein → Haben Sie trotzdem vielen Dank.
Ich wünsche Ihnen noch einen schönen Tag.
Auf Widerhören.

2. Fragen zum Unternehmen

Bevor ich Ihnen einige Fragen zu den in Ihrem Betrieb umgesetzten Maßnahmen zum „Betrieblichen Gesundheitsmanagement" stelle, interessieren mich zunächst noch ein paar **Angaben zu Ihrem Unternehmen**.

(a) **Wie viele Mitarbeiter** arbeiten Ihrem Unternehmen?

_____ Mitarbeiter

Den Befragten bitten, nach folgenden Eigenschaften zu differenzieren:

davon

_____ Angestellte
_____ Arbeiter
_____ freie Mitarbeiter

(b) Wie hoch ist das **Durchschnittsalter** der Mitarbeiter?

ca. _____ Jahre

(c) Wie hoch würden Sie die **körperliche Belastung** der Mitarbeiter in Ihrem Unternehmen einschätzen (1: sehr gering bis 5: sehr hoch)?

	1	2	3	4	5
Mitarbeiter Büro/Verwaltung/Administration o. ä.	☐	☐	☐	☐	☐
Mitarbeiter Produktion/Fertigung o. ä.	☐	☐	☐	☐	☐

(d) Wie hoch würden Sie die **psychische Belastung** der Mitarbeiter in Ihrem Unternehmen einschätzen (1: sehr gering bis 5: sehr hoch)?

	1	2	3	4	5
Mitarbeiter Büro/Verwaltung/Administration o. ä.	☐	☐	☐	☐	☐
Mitarbeiter Produktion/Fertigung o. ä.	☐	☐	☐	☐	☐

(e) Gibt es in Ihrem Unternehmen eine **Arbeitnehmervertretung**?

☐ ja
☐ nein

(f) Wie viele **Hierarchieebenen** gibt es in Ihrem Unternehmen?

_____ Ebenen

(g) *Nicht fragen, sondern selbständig ergänzen:*

Branche: _______

3. Fragen zum Unternehmer / Geschäftsführer

Gerne würde ich noch etwas zu Ihrer Person als Geschäftsführer/Inhaber erfahren.

(a) Wie würden Sie Ihre **persönliche Lebensweise** beschreiben
(ggf. nachfragen: Sportlich aktiv? Gesundheitsbewusst? Raucher? etc.)

____

____

____

(b) Über welchen (höchsten) **Bildungsabschluss** verfügen Sie?

____

(c) **Wie alt** sind Sie? ____ Jahre

4. Maßnahmen „Betriebliches Gesundheitsmanagement"

Im Folgenden nenne ich Ihnen einige **Maßnahmen** zur betrieblichen Gesundheitsförderung. Ich möchte von Ihnen gerne wissen, ob diese Maßnahmen in Ihrem Unternehmen **bereits umgesetzt** werden oder nicht bzw. ob diese Maßnahmen **in Planung** sind. Ergänzend würde ich gerne wissen, warum Sie diese Maßnahmen durchführen oder nicht. *Aufgrund der Fülle aller denkbaren Maßnahmen, beinhalten die folgenden Alternativen lediglich „Maßnahmenpakete", hier ist ggf. nachzufragen, welche Maßnahmen im Einzelnen durchgeführt worden sind!*

Rating: 1= bereits umgesetzt, 2= nicht umgesetzt, 3= in Planung

		1	2	3	Gründe (warum ja/ warum nicht?)
(a)	Ergonomische Arbeits-Arbeitsplatzgestaltung	☐	☐	☐	______________________
(b)	Kursangebote zum Gesundheitsverhalten	☐	☐	☐	______________________
(c)	Infoveranstaltungen zum Gesundheitsverhalten	☐	☐	☐	______________________
(d)	Maßnahmen zur Verbesserung der Arbeitssicherheit	☐	☐	☐	______________________
(e)	Maßnahmen zur Personalentwicklung	☐	☐	☐	______________________
(f)	Maßnahmen zur Organisationsentwickl.	☐	☐	☐	______________________
(g)	Maßnahmen zur Arbeitsgestaltung	☐	☐	☐	______________________
(h)	______________	☐	☐	☐	______________________

5. Hinderungsgründe gegen eine Intensivierung des BGM

Sie haben eine Reihe von Maßnahmen genannt, die in Ihrem Unternehmen noch *nicht* umgesetzt werden. Aus welchen **Gründen** tun Sie nicht mehr für die Gesundheit Ihrer Mitarbeiter?

(a) ____

____

(b) ____

____

(c) ____

____

(d) ____

____

6. Abschluss, Verabschiedung

Dann bedanke ich mich ganz herzlich für Ihre Teilnahme an unserer Befragung. Vielen Dank und auf Wiederhören.

Anhang 2: Fragebogen Online-Befragung

1. Angaben zur Einordnung des Unternehmens

a) **Wie viele Mitarbeiter** arbeiten in Ihrem Unternehmen? ____________

b) Wie hoch ist das **Durchschnittsalter** Ihrer Mitarbeiter? ____________

c) Sind Ihre Mitarbeiter besonderen **körperlichen Belastungen** ausgesetzt? Wenn ja, welchen?

(Rating: 1 = trifft nicht zu, 2 = trifft teilweise zu, 3 = trifft zu)

	1	2	3
Stress durch hohen Termindruck	☐	☐	☐
Gleichartige Körperhaltung/Bewegungsabläufe	☐	☐	☐
Besondere Computersysteme/Monitore	☐	☐	☐
Umgang mit Gefahrenstoffen	☐	☐	☐
Hohe Lärmbelastung	☐	☐	☐
Häufiger Wechsel Tag-/Nachtschicht	☐	☐	☐
(Ganzjährige) Arbeit im Freien	☐	☐	☐
Belastung durch schwere Gewichte	☐	☐	☐
Sonstiges	☐	☐	☐

d) Gibt es in Ihrem Unternehmen eine **Arbeitnehmervertretung**?

ja	nein
☐	☐

e) Wie viele **Hierarchieebenen** gibt es in Ihrem Unternehmen?

_______ Ebenen

f) In welcher **Branche** ist Ihr Unternehmen tätig?

____

g) Haben Sie eine **Funktion** in der Geschäftsführung?

ja	nein
☐	☐

2. Welche Maßnahmen führen Sie in Ihrem Unternehmen durch?

(Antwortmöglichkeiten: 1: umfassend/regelmäßig, 2: eingeschränkt/selten; 3: nie; 4: in Planung)

		1	2	3	4
a)	Sportkurse	☐	☐	☐	☐
b)	Kurse zur Suchtprävention (z. B. … zu Tabak, Alkohol)	☐	☐	☐	☐
c)	Kurse zur gesunden Ernährung	☐	☐	☐	☐
d)	Kurse zur Vermeidung von Mobbing	☐	☐	☐	☐
e)	Kurse zur Vermeidung von Stress (z. B. … Entspannungstraining, autogenes Training)	☐	☐	☐	☐
f)	Verbesserung der Arbeitsergonomie (z. B. … am PC, Monitor, Stuhl, Schreibtischhöhe)	☐	☐	☐	☐
g)	Verbesserung des Arbeitumfelds (z. B. … Licht / Beleuchtung, Klima, Farben)	☐	☐	☐	☐
h)	Firmeninterne Sportturniere	☐	☐	☐	☐
i)	Flexible Arbeitszeitmodelle gesundem Verhallten	☐	☐	☐	☐
j)	Sonstiges				

3. Ziele: Warum führen Sie die eben genannten Maßnahmen durch?

(Antwortmöglichkeiten: 1: trifft nicht zu / 2: trifft teilweise zu / 3: trifft zu)

		1	2	3
a)	Mitarbeiterzufriedenheit erhöhen	☐	☐	☐
b)	Kundenzufriedenheit erhöhen	☐	☐	☐
c)	Mitarbeiterbelastung reduzieren	☐	☐	☐
d)	Fluktuation senken	☐	☐	☐
e)	Personalkosten senken	☐	☐	☐
f)	Konzentrierte/leistungsfähige Mitarbeiter	☐	☐	☐
g)	Mobbing verhindern	☐	☐	☐
h)	Identifikation mit Unternehmen fördern	☐	☐	☐
i)	Vorgaben von außen erfüllen	☐	☐	☐
j)	______________________________	☐	☐	☐
k)	______________________________	☐	☐	☐

4. Warum machen Sie nicht mehr?

(Antwortmöglichkeiten: 1: trifft nicht zu / 2: trifft teilweise zu / 3: trifft zu)

		1	2	3
a)	Schlüsselfigur im Unternehmen reagiert ablehnend	☐	☐	☐
b)	Angst vor hohen Kosten	☐	☐	☐
c)	Angst vor Störung des „normalen" Arbeitsablaufs	☐	☐	☐
d)	Unsicherheit/Angst vor Misserfolgen	☐	☐	☐
e)	Mangelnde Beteiligung und Kooperation	☐	☐	☐
f)	Negatives Image von Gesundheitsförderung / Gesundheitsmanagement	☐	☐	☐
g)	Mitarbeiter unmotiviert	☐	☐	☐
h)	______________________________	☐	☐	☐
i)	______________________________	☐	☐	☐

5. Abschließende Bemerkungen

Bitte geben den zugesendeten Fragebogen-Code ein. ☐ Mit Hilfe des Codes verhindern wir doppelte oder unberechtigte Rückläufe. Ihre zugesicherte Anonymität bleibt erhalten.

Fertig! Ganz herzlichen Dank!

KLEINE UND MITTLERE UNTERNEHMEN

Herausgegeben von Prof. Dr. Jörn-Axel Meyer, Berlin

Band 9
Michael Rathje
Die betriebliche Altersversorgung in KMU nach Altersvermögensgesetz und Alterseinkünftegesetz
Lohmar – Köln 2007 • 322 S. • € 52,- (D) • ISBN 978-3-89936-569-6

Band 10
Jörn-Axel Meyer, René Schleus und Evamaria Buchhop
Trends in der Beratung von KMU – Eine aktuelle Studie
Lohmar – Köln 2007 • 96 S. • € 33,- (D) • ISBN 978-3-89936-572-6

Band 11
Christian J. Brinkkötter
Rating im Mittelstand – Eine empirische Analyse qualitativer Kriterien
Lohmar – Köln 2007 • 258 S. • € 47,- (D) • ISBN 978-3-89936-598-6

Band 12
Jörn-Axel Meyer, René Schleus und Evamaria Buchhop
Das Allgemeine Gleichbehandlungsgesetz (AGG) in KMU – Studie zu Kenntnissen, Erfahrungen und Erwartungen im Mittelstand
Lohmar – Köln 2007 •160 S. • € 42,- (D) • ISBN 978-3-89936-607-5

Band 13
Jörn-Axel Meyer
Mindestlohn in kleinen und mittleren Unternehmen – Eine betriebswirtschaftliche Analyse
Lohmar – Köln 2008 •106 S. • € 48,- (D) • ISBN 978-3-89936-703-4

Band 14
Jörn-Axel Meyer und Alexander Tirpitz
Betriebliches Gesundheitsmanagement in KMU – Widerstände und deren Überwindung
Lohmar – Köln 2008 • 116 S. • € 42,- (D) • ISBN 978-3-89936-737-9

JOSEF EUL VERLAG